Menschen am CERN

Andri Pol

Menschen am CERN

Europäische Organisation für Kernforschung

Herausgegeben von Lars Müller

Mit Texten von
Peter Stamm und Rolf Heuer

Lars Müller Publishers

Andri Pol, geboren 1961 in Bern, Schweiz, ist freischaffender Fotograf. In seinen Werken spürt er dem Aussergewöhnlichen im Alltäglichen nach. Er hat mehrere Bücher veröffentlicht, darunter den Bestseller *Grüezi – Seltsames aus dem Heidiland* (2006) und *Where is Japan* (2010). Er arbeitet für verschiedene internationale Magazine und Verlage.

Vorwort

Es war ein langes Gespräch, an dessen Ende unser Entschluss zu diesem Buchprojekt feststand. Wir unterhielten uns über bildlose Orte, über Institutionen und Einrichtungen unserer Gesellschaft, die bekannt, aber für den Einzelnen nicht einsehbar sind. Der Alltag im Vatikan, die Weltbank von innen, die Menschen am CERN – vermag das fotografische Abbild des Gewöhnlichen das Typische und Unverwechselbare eines Ortes zu vermitteln? Vermag die Fotografie die Aura der Wissenschaft einzufangen und sichtbar zu machen?

Die Beharrlichkeit des Fotografen, die Geduld des Verlegers und das Vertrauen der Verantwortlichen am CERN lassen uns zwei Jahre später dieses Porträt der Menschen am CERN in den Händen halten.

Die Fotografien machen die Atmosphäre des Ortes und seine Ausstrahlung spürbar. In diesem sozialen Biotop entfalten sich Visionen und Einsichten in die Dimensionen und Zusammenhänge unseres Daseins. Die Bilder zeugen von Neugier und Respekt, von der Akribie, Hartnäckigkeit und Zuversicht der Wissenschaftler und Spezialisten. Ihnen, den Menschen am CERN und der Freiheit der Wissenschaft ist dieses Buch gewidmet.

Lars Müller und Andri Pol

252
PH/UCM

Eckhart Tolle
EL PODER DEL AHORA
THE TAO OF PHYSICS FRITJOF CAPRA
flamingo

0831
68 - 77
RID · ADR
MAXIMALE 87
TARE 7500

Layher

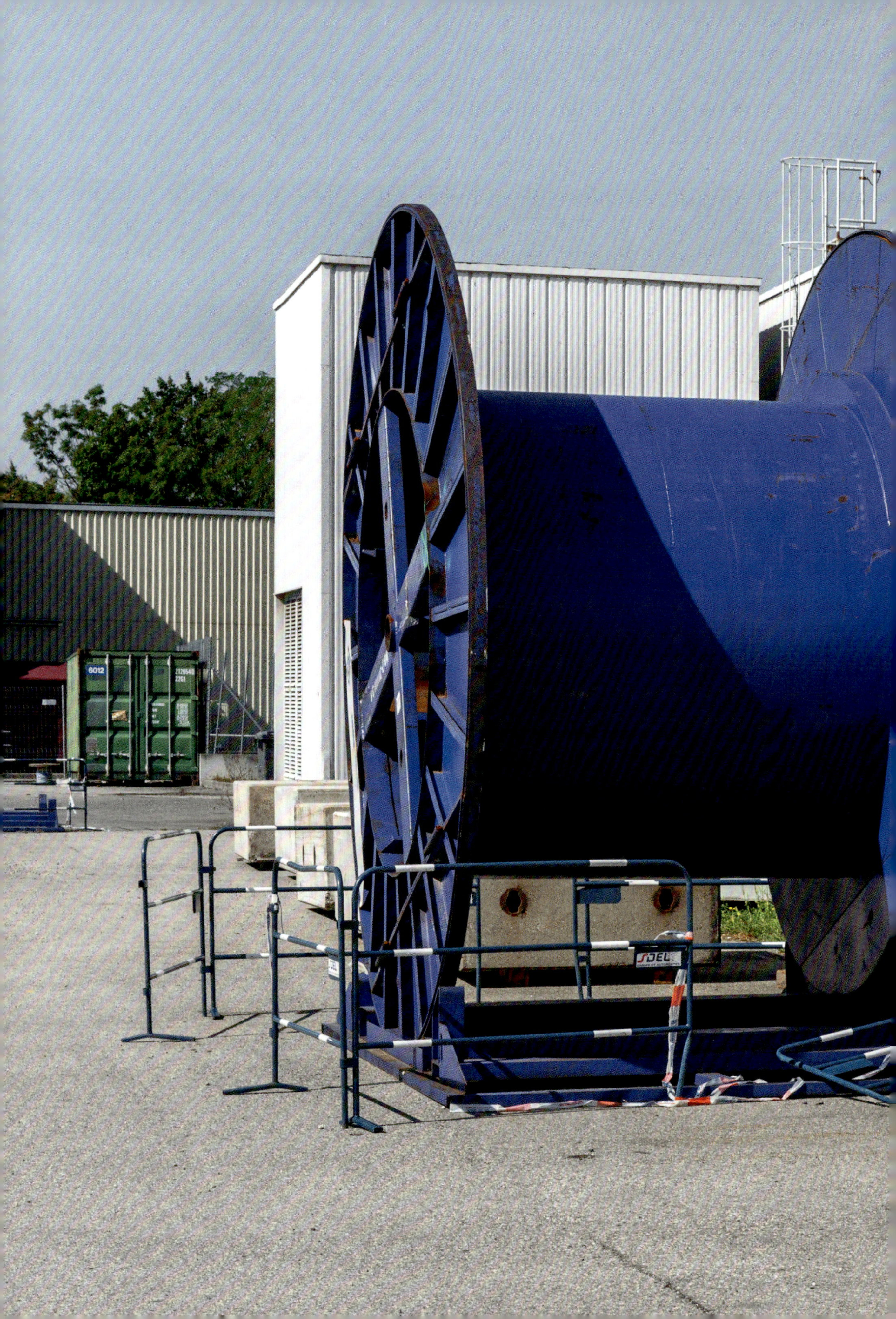
6012
SDEL

6115

ROUTE A. EINSTEIN
119
Chateaudeau

CP·435·TJ
91E-4672A

VIDE
EMPTY

THE
COLLECTION
Mille sabords !...

500

1970
2050
ANNA
2007

126 ± 5 GeV
129 ± 4 GeV
126 GeV
CONSTANT
H
W
W
H
H
Z
Z

esville Sanctuary 2006

EPI
CLASSE 1
EPI
CLASSE 2
BEUCHAT

CHICCO D'ORO

GoFlex Desk
iPad
LEITZ
ANALYTICAL MECHANICS
ANALYTICAL MECHANICS
CERN
COMPUTER
NUMERICAL

erstein
Weller
My First
TERP
Mug

2
LG

F

EXTINCTEUR
FIRE EXTINGUISHER

BATIMENT Nº
26
1-014
Thomas E.C.
La Périchole
JUSTIN
BIEBER

SEAN CONNERY
OM RUSSIA WITH LOVE
UNITED ARTISTS

TWININGS
Thé Vert
Citron
TWININGS
Thé Vert
Nature
GRANDE
AROMA
Dolce
Gusto
Biella

RICH 2010
HARDRONIC
PHYST
23.07.23.00.

Physical
Review
Letters

acer
Kensington
WASHABLE

Sunshine, friends and

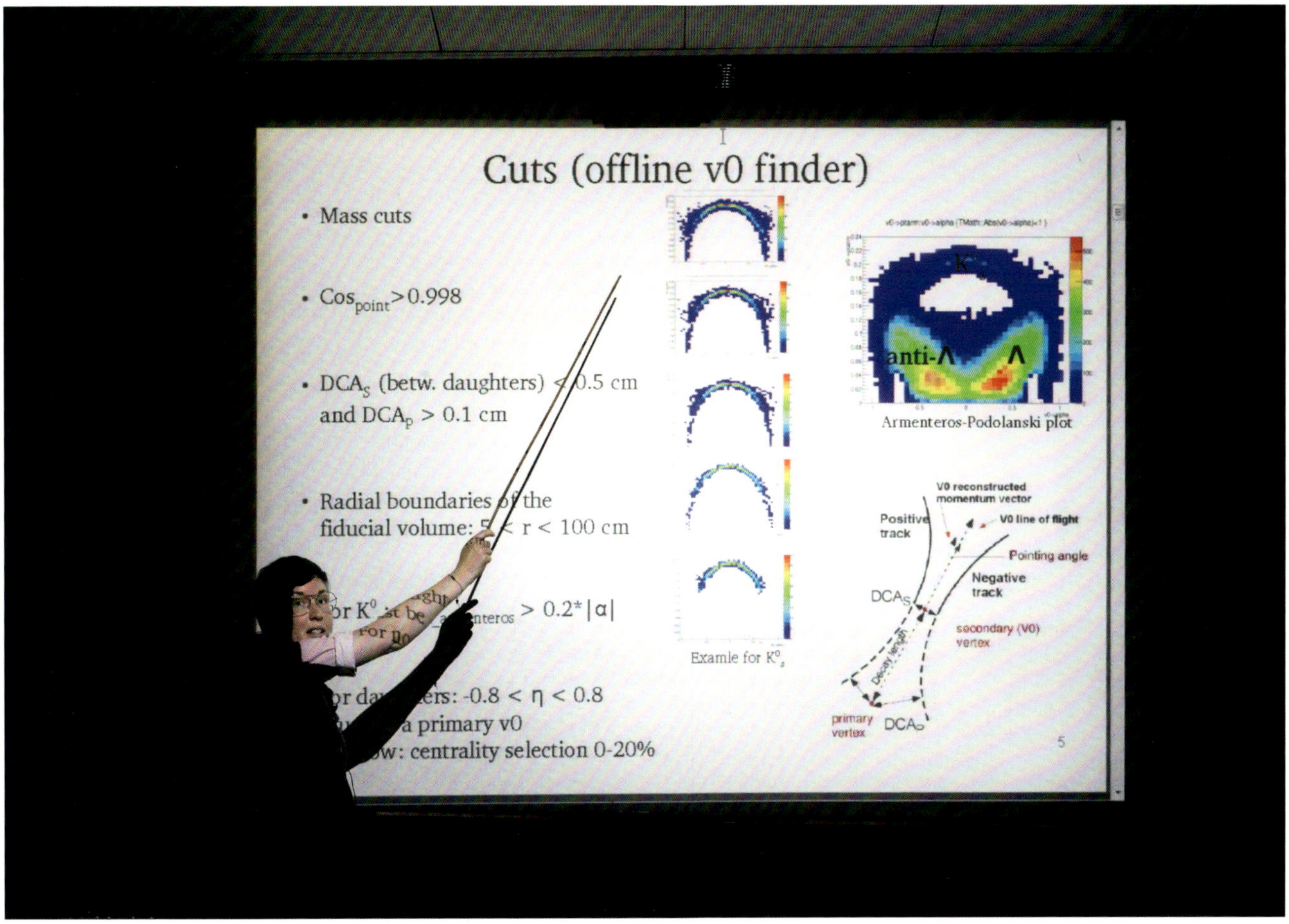

Cuts (offline v0 finder)
Mass cuts
Cos$_{point}$ > 0.998
DCA$_S$ (betw. daughters) < 0.5 cm
and DCA$_P$ > 0.1 cm
Radial boundaries of the
fiducial volume: 5 < r < 100 cm
> 0.2*|α|
-0.8 < η < 0.8
a primary v0
centrality selection 0-20%
Examle for K^0_s
anti-Λ
Λ
Armenteros-Podolanski plot
V0 reconstructed momentum vector
Positive track
V0 line of flight
Pointing angle
Negative track
DCA$_S$
secondary (V0) vertex
primary vertex
DCA$_P$
5

Altbatterien
Auch für Akku-Batterien
Piles usées
Aussi pour les piles rechargeables
Pile usate
Danke!
Merci!
Grazie!
Batterien sammeln ist aktiver Umweltschutz
Rapporter les piles, c'est participer à la protection de l'environnement
Riportare le pile è partecipare alla protezione dell'ambiente

Canon
recyclage
papier

RESEARCH DIRECTIONS FOR THE DECADE • SNOWMASS
NMS-2
IN
NMS-1

World Wide Web
CERN
NZ-1
CN-2
CN-3

I spoke bad
about
SUSY

Ein Spielplatz für Riesen

Peter Stamm

Das beeindruckendste Gebäude des CERN und gleichzeitig eines seiner modernsten liegt ganz am Rand des riesigen Geländes in Meyrin bei Genf. Es ist der *Globe of Science and Innovation,* ein weltkugelförmiges Holzgebilde, das ursprünglich für die Landesausstellung 2002 gebaut wurde. Die 27 Meter hohe Holzkugel, die von einem kurzgemähten Rasen und einem etwas überdimensionierten grünen Zaun umgeben daliegt, ist schon von Weitem zu erkennen. Es ist ein warmer Sommernachmittag, der Himmel leuchtet blau über den abgeernteten Feldern, in der Ferne stehen Wohnblocks und Einfamilienhäuser, dahinter sind Berge zu sehen, über denen sich dicke Kumuluswolken gebildet haben. Auf der *Route de Meyrin* staut sich schon der Feierabendverkehr, vom nahen Flughafen startet ein Flugzeug. Die Landschaft wirkt im sommerlichen Licht so aufgeräumt und wohlgeordnet wie eine Modelleisenbahnanlage, sie hat jenen diskreten Charme der schweizerischen Agglomeration, der leicht einen Horror Vacui erzeugt.

Im Inneren des Holzglobus erzählt eine futuristisch gestaltete Multimediashow, was hundert Meter darunter, im 27 Kilometer langen kreisförmigen Teilchenbeschleuniger, dem *Large Hadron Collider* oder LHC, erforscht wird: wie Elementarteilchen darin beinahe auf Lichtgeschwindigkeit beschleunigt werden, wie sie kollidieren und wie in vier riesigen Detektoren die dabei entstehenden neuen Teilchen beobachtet werden. Die wichtigsten Fragen, die die Forscher am CERN beschäftigen, sind jene nach dem Ursprung der Materie und nach ihren verschiedenen Teilchen und Formen oder, in den etwas pathetischen und zugleich diffusen Worten der Ausstellungsmacher, die Fragen: «Woher kommen wir? Was sind wir? Wohin gehen wir?» Die Ausstellung ist gut besucht, das öffentliche Interesse am CERN ist gross, bis zu hunderttausend Personen nehmen jedes Jahr an Führungen teil.

Mick Storr, der Leiter des Besucherservice betont, wie wichtig dem CERN Transparenz sei. «Wir haben keine Geheimnisse, man kann überall fotografieren und reden, mit wem man will. Die Besuchergruppen essen im Restaurant mit den Angestellten, und es kann gut sein, dass am Nachbartisch ein Nobelpreisträger sitzt. Auch mit unseren Forschungsresultaten sind wir sehr offen. Wir publizieren alles. Wir arbeiten hier nicht nur für die Mitgliedstaaten, sondern für die gesamte Menschheit.»

Vor dem Besucherzentrum löchert eine Gruppe amerikanischer Studenten einen jungen CERN-Mitarbeiter mit Fragen. Erst auf den zweiten Blick erkenne ich, dass es der französische Physiker Marc Goulette ist, der mir bei meinem letzten Besuch vor zwei Monaten den Teilchenbeschleuniger zeigte. An seinem Schutzhelm klebt ein Stern für jede Führung in den Untergrund, die er in diesem Jahr gemacht hat – über fünfzig sind es inzwischen. Als Kind habe er Jagdpilot werden wollen, erzählte er damals, während er uns in seinem Pontiac Firebird herumfuhr, diese hätten auf ihren Flugzeugen auch für jeden Abschuss ein Zeichen angebracht.

Alle Führungen durch das CERN werden von normalen Angestellten geleitet, aber man merkt, dass sie es gewohnt sind, Laien die abstrakten Forschungsthemen verständlich zu machen, Bilder zu finden für Theorien, die selbst für sie oft am Rand oder jenseits der Vorstellungskraft liegen. Die Energie des Protonenstrahls wird mit jener eines Intercityzuges gleichgesetzt, jene der aufeinanderprallenden Protonen mit der von Mücken, die im Flug zusammenstossen. Das kürzlich entdeckte Higgs-Teilchen wird mit einer Welle auf dem Meer verglichen. Die Aufklärung der Bevölkerung ist ein wichtiges Anliegen des CERN. Unverständnis hat immer wieder zu Kritik an den Experimenten geführt. Ein internationales Netzwerk unter dem Namen «LHC-Kritik» warnt seit Jahren vor den Gefahren winziger schwarzer Löcher, die im Teilchenbeschleuniger entstehen könnten. Und in dem Film *Illuminati* nach dem Buch von Dan Brown wird der Vatikan mit einem Behälter mit Antimaterie bedroht, die im CERN hergestellt wurde. Nicht zuletzt geht es bei den Führungen darum, den Besuchern klarzumachen, wofür die Milliarden von Steuergeldern ausgegeben werden, die die zwanzig Mitgliedstaaten für den Bau und den Betrieb der Anlage aufgebracht haben und noch immer aufbringen.

Betritt man das Gelände des CERN, fragt man sich, wo all das Geld hingeht. Die meisten der Gebäude, die auf den gepflegten und mit Bäumen bepflanzten Rasenflächen stehen, wurden in den 1950er- und 60er-Jahren gebaut und sehen aus, als sei seit damals nichts mehr in ihren Unterhalt investiert worden. Die Farben sind verbleicht, an den Wänden blättert der Putz, vor den Fenstern hängen defekte Jalousien. Man wolle vor dem CERN-Rat nicht den Eindruck erwecken, man lebe hier im Luxus, sagt Jasper Kirkby, der seit dreissig Jahren als Physiker am CERN arbeitet. «Ausserdem ist ein gewisses Mass an Unbequemlichkeit gut für die Kreativität. Unser Problem ist vielmehr die Raumnot. Es gibt viel zu wenige Büros.» Bei den Experimenten hingegen werde nicht gespart. «Da geht es nur um Qualität, nicht um Kosten», sagt Jasper. «Wenn wir nicht die höchste Qualität erreichen, funktionieren die Experimente nicht.» Der kleinste Fehler kann verheerende Folgen haben. Neun Tage nach der Inbetriebnahme des LHC im Jahr 2008 versagte eine Schweissnaht eines supraleitenden Kabels, was zur Explosion eines Heliumtanks führte. Der Schaden betrug hundert Millionen Franken, das Projekt verzögerte sich um ein Jahr.

Viele der Geräte und Anlagen des CERN, die man nur mit Superlativen beschreiben kann, gibt es nirgendwo sonst auf der Welt. Die meisten wurden hier entwickelt, manche Bestandteile in den eigenen Werkstätten gebaut. «Wir haben Experten für fast alles», sagt Jasper. «Das Tolle an den Ingenieuren und Technikern hier ist, dass sie Dinge von Grund auf entwickeln und auf das kleinste Detail achten.» Er selbst forscht seit einigen Jahren am Einfluss der kosmischen Strahlung auf die Wolkenbildung in der Atmosphäre, eines von vielen kleineren Experimenten, die ebenfalls am CERN durchgeführt werden. Die Klimakammer, die er dazu verwendet, wurde komplett neu entwickelt und ist tausendmal reiner als alle vorherigen.

Aber noch wichtiger als die Geräte sind die Menschen. Viele meiner Gesprächspartner nennen das CERN ein Paradies. Frage ich nach, erwähnen sie nicht die Beschleuniger oder Detektoren, sondern immer die anderen Wissenschaftler, denen sie hier auf Schritt und Tritt begegnen. «Manchmal zögere ich, zur Toilette zu gehen, weil ich auf dem Weg dorthin so viele Leute treffe», sagt Géraldine Servant, eine junge theoretische Physikerin. «Es kann gut sein, dass ich dann erst zwei Stunden später wieder im Büro bin.» Aber genau in diesen informellen Treffen liege die Stärke des CERN. «Fast jeder, der mit Teilchenphysik zu tun hat, kommt früher oder später hierher. Und da es viele Wechsel gibt, bekommt man dauernd neue Inspirationen.» Eine der Fragen, mit denen sich Géraldine in ihrer Forschung beschäftigt, ist jene nach der dunklen Materie. Man weiss aus der Kosmologie, dass im Universum ungefähr sechsmal mehr Materie vorhanden sein muss, als wir messen können. Nun gilt es, das «dunkle Tal» zu entdecken, in dem sich diese Materie versteckt.

Géraldine Servant ist nach sieben Jahren am CERN eben dabei, ihr Büro zu räumen. Sie tritt eine Stelle an der Universitat Autonoma de Barcelona an, wird dort aber weitgehend an denselben Themen arbeiten wie bisher. An der Wand ihres Büros hängt eine schwarze Tafel voller Formeln. «Das ist mein Job», sagt sie, «die Tafel vollzuschreiben.» Sie zeigt auf einige Formeln: «Das ist Phänomenologie, das ist eher theoretisch, hier geht es um Supersymmetrie, da um Gruppentheorie, das ist Kosmologie.» Sie lacht. «Wenn man sich mit der Physik jenseits des Standardmodells befasst, muss man ein bisschen was von allem verstehen.» Das Standardmodell beschreibt drei der vier Grundkräfte, die zwischen den bekannten Elementarteilchen wirken. «Aber viele Fragen kann man mit dieser Theorie nicht beantworten», sagt Géraldine. «Seit dreissig Jahren wissen wir, dass wir eine neue Physik brauchen. Und wir hoffen, dass der LHC uns bei der Suche danach helfen wird.» In ihren E-Mails lässt Géraldine den Akzent in ihrem Namen konsequent weg. Als ich sie darauf anspreche, meint sie: «Hier arbeiten Leute aus aller Welt und wir tauschen Tonnen von E-Mails aus und sind dauernd im Stress. Niemand hier interessiert sich für solche Dinge.»

Das Gebäude 4, in dem Géraldine arbeitet, ist in besonders schlechtem Zustand. Geht man durch die Flure, fühlt man sich in die 1950er-Jahre zurückversetzt. Die Böden sind mit abgetretenem Linoleum belegt, die Wände lindgrün gestrichen, an fast jeder der Sperrholztüren hängt ein Plakat für irgendeine Konferenz in Warschau, Trondheim oder Eilat: «Neue Grenzen der Physik», «Higgs Hunting», «Neutrino Town Meeting», «Voyage to the Heart of Matter». Schaut man in die meist offenstehenden Büros, sieht man überall Wandtafeln voller Formeln und Menschen, die davor diskutieren. In den Fluren hängen Plakate, auf denen die wichtigsten Experimente des CERN erläutert werden, als müssten die Wissenschaftler sich dauernd daran erinnern, weshalb sie hier sind. An den Anschlagbrettern wird vor Taschendieben gewarnt, die Schwulenvereinigung lädt zum gemeinsamen Mittagessen ein, eine Gruppierung von Christen zu Gebeten und Bibelstudien, der CERN-Chor sucht Bässe und Tenöre.

Eine Karikatur: «Ich bin Forscher am CERN und beschäftige mich jeden Tag mit der Suche ... nach einem Parkplatz.»

Auf dem Plan des einen Quadratkilometer grossen Hauptgeländes, auf dem sich die meisten Büros und Anlagen des CERN befinden, sind mehr als vierhundert Gebäude eingetragen. Die etwas abgelegeneren Gebiete des Geländes haben eine eigene Poesie. Wind rauscht in den Pappeln, die eine Strasse säumen, der Ruf eines Eichelhähers ist zu hören und das Zirpen einzelner Grillen. Beim alten Beschleuniger weiden Schafe. Trampelpfade führen durch Blumenwiesen, auf denen alte Holzbaracken stehen. Irgendwo rosten ausgediente Kühltürme vor sich hin, Kabelrollen stehen herum und am Rand eines Weges liegt ein Stapel Beleuchtungskandelaber. Fussgänger sind kaum unterwegs, nur manchmal braust eines der weissen CERN-Autos vorbei. An manchen Gebäuden hängen Schilder, die vor Radioaktivität, vor Chemikalien oder Hochspannung warnen, aber es kommt kein Gefühl von Gefahr auf, eher eines von Verlassenheit. «Vous êtes ici», sie befinden sich hier, steht auf einem verwitterten Geländeplan. Der Punkt, der die Position anzeigen soll, ist längst verschwunden.

Das Gelände liegt halb in der Schweiz und halb in Frankreich, aber es ist exterritorial. «Für die zweieinhalbtausend Angestellten des Forschungszentrums gelten weder die Arbeitsgesetze des einen noch jene des anderen Landes», erzählt Michel Goossens, ein belgischer Physiker, der seit 35 Jahren für das CERN arbeitet, erst in der Informatikabteilung und seit zwei Jahren als Präsident der Mitarbeitervereinigung. Der Arbeitskampf ist nicht immer einfach, Budgetentscheidungen werden vom CERN-Rat gefällt, in dem Vertreter aller Mitgliedstaaten sitzen. Der halbtägige Streik vor einem Jahr gegen die Erhöhung des Rentenalters auf 67 war nicht der erste. «Das CERN versteht sich als ein Dienstleistungsunternehmen», sagt Michel Goossens, «von den fest angestellten Physikern sind nur ungefähr achtzig in der Forschung tätig. Der grösste Teil der Experimente wird von Wissenschaftlern aus aller Welt betrieben. Wenn der Teilchenbeschleuniger läuft, arbeiten bis zu zehntausend Leute auf dem Gelände.» Der Jahresbericht von 2012 nennt 629 Institute und Universitäten, die in diesem Jahr am CERN forschten, nur knapp die Hälfte davon stammte aus Mitgliedstaaten. «Als ich hier anfing, hatte das CERN dreieinhalbtausend Angestellte», erzählt Michel Goossens. «Inzwischen sind es knapp zweieinhalbtausend, aber die Arbeit ist nicht weniger geworden.» In den Anfängen schliefen die Physiker oft schichtweise in Baracken. Damals habe es kaum Freizeitangebote für die Mitarbeiter und ihre Familien gegeben, inzwischen unterstehen der Personalvereinigung mehr als fünfzig Clubs, vom Tischtennis- über den Aquarium- und Astronomie- bis zum Tanz- und Filmverein. Die Personalvereinigung ist auch für den Kindergarten verantwortlich, in dem rund hundertfünfzig Kinder von CERN-Mitarbeitern betreut werden, darunter zwei von Géraldine Servant. «Das war schön», sagte sie während unseres Gesprächs, «ich konnte ihnen von meinem Bürofenster aus beim Spielen zusehen.» Jetzt, während der Sommerferien, ist der Spielplatz des Kindergartens ausgestorben, der bunte Holzzug, der riesige Sandkasten, die von Kirschlorbeerhecken eingerahmten Schaukeln.

Wie ein Spielplatz für Riesen sieht der kleine Park gleich neben dem Kindergarten aus. Seltsam geformte Metallkonstruktionen stehen hier herum, eine 25 Tonnen schwere Blasenkammer, ein überdimensionierter Flipflopschaltkreis, eine kupferne Radiofrequenzkavität, ein Teilchendetektor aus den 1970er-Jahren. Es sind Originalgeräte, mit denen CERN-Wissenschaftler anfangs forschten. Auch manchen der heute verwendeten Geräte sieht man an, dass sie Prototypen sind. Bei einem Experiment sah ich einen Ventilator, der mit Klebeband an einer Apparatur befestigt war, bei einem anderen waren Physiker eben dabei, von Hand tausende Kabelverbindungen neu zu löten.

«Klar, ich habe auch viel gelötet», sagt Felicitas Pauss, die für die ETH Zürich am CMS, einem der grossen Detektoren, forscht und während ihrer Karriere verschiedene Führungspositionen am CERN innehatte. «Aber die grossen Experimente sind nicht zusammengebastelt. Die Entwicklung des CMS dauerte 15, der Bau 8 Jahre.» An ihrer Bürotür hängt eine Karikatur von Sempé, auf der ein Orchester zu sehen ist, während das Publikum applaudiert. Der Dirigent weist auf den ersten Geiger, dieser auf den zweiten und immer so weiter bis zum Triangelspieler, der sich stolz verbeugt. «Ich habe früher oft mit anderen Musikern zusammengespielt», sagt Felicitas Pauss. «Dort habe ich gelernt, dass es auf jeden ankommt. Selbst der falsche Einsatz des Triangelspielers kann ein Konzert ruinieren.» Das Higgs-Boson, dessen Entdeckung vor einem Jahr die internationale Presse in Aufruhr versetzte und das manchmal als «Gottteilchen», manchmal als «gottverdammtes Teilchen» bezeichnet wird, fand sie eher langweilig. «Das war ein *must,* das haben wir gemacht. Jetzt wird es erst richtig spannend.» Eine der Fragen, die sie interessieren, ist jene, weshalb es überhaupt Materie gibt. «Beim Urknall müsste gleich viel Antimaterie wie Materie entstanden sein, aber heute finden wir keine messbare Antimaterie von damals im Universum. Wir vermuten, dass es eine winzige Verletzung der Symmetrie gegeben hat, durch die etwas mehr Materie als Antimaterie entstanden ist. Jetzt fragen wir uns, warum das so ist. Das Faszinierende in der Physik sind immer die Ausnahmen.» Am CMS forschen bis zu viertausend Wissenschaftler. In und zwischen den Gruppen herrsche eine interessante Mischung aus Wettbewerb und Teamarbeit. «Man muss zusammenarbeiten bei diesen komplexen Experimenten. Die CMS-Publikation über Higgs' Entdeckung hat fast dreitausend Autoren. Jeder, der in der Datenanalyse arbeitet, will etwas entdecken. Das führt dazu, dass sehr hart gearbeitet wird. Als Professorin muss ich den Studenten vorleben, dass sie es mit dem Ehrgeiz nicht übertreiben dürfen.» Ihre Arbeit bezeichnet Felicitas Pauss als einen *way of life.* Irgendwann werde man als Professorin zwar emeritiert, aber das sei kein Grund, mit dem Forschen aufzuhören.

Während die Kantine am Mittag voll war bis zum letzten Platz, ist am Abend leicht ein freier Tisch zu finden. Auffallend viele junge Leute sitzen im Restaurant und auf der Terrasse, einige allein und selbst während des Essens mit ihren Laptops beschäftigt, die meisten aber fröhlich plaudernd in Gruppen. Ungefähr dreihundert Studenten nehmen jedes Jahr am Sommerprogramm des CERN teil, manche tragen T-Shirts mit dem diesjährigen Motto: «What's the matter?» Zwei bis drei Monate lang hören sie Vorträge, arbeiten aktiv an Forschungsprogrammen mit und knüpfen Kontakte. Auf der grossen Wiese vor dem Restaurant wird Fussball gespielt, von einem Tisch klingt Russisch herüber, von einem anderen Arabisch, viel Englisch und Italienisch ist zu hören, aber auch Japanisch und Chinesisch. Das CERN trage zur Völkerverständigung bei, hatte Felicitas Pauss gesagt. An einer Hauswand hängt ein Plakat für eine israelisch-palästinensische Party unter dem Motto «Wissenschaft bringt Menschen zusammen».

Ich wohne in einem der Gästehäuser auf dem Gelände. Im Foyer steht ein Automat für heisse Pastagerichte. In den Zimmern ist nicht nur das Rauchen, sondern auch das Trinken von Alkohol streng verboten. Vor meinem Fenster steht eine Statue des Gottes Shiva, dem «Erschaffer des Universums und König der Tänzer», die das CERN von der indischen Atomenergiebehörde geschenkt bekommen hat. Als ich gegen zehn Uhr in meine Unterkunft zurückkehre, sitzen davor vielleicht vierzig ungarische Physiklehrer, die im Schein von Taschenlampen und von einer Gitarre begleitet Lieder singen.

Sie sind für eine Woche hier um sich weiterzubilden. Ich muss nicht zum ersten Mal hier im CERN an den Turmbau zu Babel denken, nicht nur wegen des Sprachengewirrs, sondern auch, weil die Forschungsprojekte so verwegen und unausführbar scheinen wie der Bau eines Turmes, der in den Himmel reicht.

Mit einem verhältnismässig kleinen und übersichtlichen Experiment beschäftigen sich der Österreicher Michael Doser und sein Team. Sie versuchen, aus Antiprotonen und Antielektronen Antiwasserstoffatome herzustellen und deren Verhalten in der Gravitation zu erforschen. Den Gesetzen der Physik zufolge müsste sich Antimaterie wie normale Materie verhalten, aber es ist auch möglich, dass sie statt nach unten nach oben fällt. Antimaterie ist das Material, mit dem in *Illuminati* der Vatikan in die Luft gesprengt werden sollte, aber Michael Doser beruhigt: «Ein Gramm Antimaterie würde ein Hundertstel der Energie einer Atombombe freisetzen. Und selbst um das herzustellen, bräuchten wir zehn Milliarden Jahre.» Ron Howard, der Regisseur des Films, habe bei seinen Recherchen das CERN besucht, aber Michael Dosers Experiment sah ihm zu wenig beeindruckend aus, und schliesslich wurden die Aufnahmen im ATLAS-Detektor gemacht, der so schwer ist wie der Eiffelturm, aber mit Antimaterie nichts zu tun hat. «Der einzige Einfluss, den wir hatten, betraf die Farbe des Antiheliums, das ungefähr so aussieht, wie es in Wirklichkeit aussehen würde.» Trotzdem hat Michael Doser nichts gegen den Film. Er fand ihn unterhaltsam und meint, Science-Fiction-Themen böten die Gelegenheit, das Publikum für wissenschaftliche Themen zu interessieren. «Die Filmleute haben mir nach den Filmaufnahmen die Bombenattrappe geschenkt», sagt er. «Die ist jedes Mal ein grosser Erfolg, wenn ich sie bei meinen Vorlesungen zeige.» Das CERN schaltete eine Homepage zu den wissenschaftlichen Hintergründen des Films auf und vor dem Kinostart gab es an der Forschungsanstalt eine

Pressekonferenz, zu der neben dem Regisseur auch die Schauspieler Tom Hanks und Ayelet Zurer anreisten. Hanks witzelte in einem Interview: «Mit dem Teilchenbeschleuniger kann man ja nicht einmal eine Tasse Kaffee warm machen, nur Atome kaputtmachen wie ein zweijähriges Kind.»

Alle Strassen und Wege auf dem Gelände des CERN tragen die Namen grosser Wissenschaftler. Unterwegs zur Feuerwehrstation an der *Route Einstein* überschreitet man die französische Grenze, ohne es zu bemerken. Ganz unbedeutend ist diese allerdings doch nicht, die Feuerwehrautos tragen Diplomatenkennzeichen, um problemlos von einem Land ins andere wechseln zu können. Als der Brite Christopher Griggs 1987 eine Stelle bei der Feuerwehr des CERN antrat, bestand diese noch fast ausschliesslich aus Franzosen. «Die Stelle war in einem Fachmagazin ausgeschrieben», sagt er, «mich hat das Abenteuer gereizt, in einem fremden Land zu arbeiten.» Inzwischen tun hier Männer und Frauen aus zehn verschiedenen Ländern Dienst, viele Finnen seien es im Moment, aber auch Spanier und Deutsche. «Zum einen ist diese Feuerwehr ein guter Ort, um spezialisierte Techniken zu erlernen», sagt Christopher Griggs, «den Umgang mit Hochspannung und Radioaktivität, mit Chemikalien und Substanzen mit extrem tiefen Temperaturen. Zum anderen schätzen viele unserer Feuerwehrleute die Begegnung mit anderen Kulturen und Arbeitsweisen.» Er selbst, der seinen Beruf in England erlernt und später für die Erdölindustrie gearbeitet hat, bezeichnet sich inzwischen zunächst als Europäer, dann als *CERNianer.* Er habe nicht vor, nach seiner Pensionierung nach England zurückzukehren. Auf die Frage, ob er keine Angst vor Schwarzen Löchern habe, lacht er. «Mein Haus steht direkt über dem Teilchenbeschleuniger. Wenn ich mir Sorgen machen würde, wäre ich längst umgezogen.»

Die Tage am CERN sind lang. Auch spät am Abend sind noch viele Parkplätze besetzt und in der Bibliothek, in den Foyers und im Restaurant sitzen Leute vor Fachbüchern oder vor ihren Laptops. Als ich zum Gästehaus zurückkehre, ist es halb zwölf. Vor meinem Fenster singen wieder die ungarischen Lehrer. Betreut wird die Gruppe von Dezső Horváth, einem ungarischen Physiker. Er ist emeritiert, leitet aber trotzdem noch zwei Forschergruppen und verbringt jedes Jahr bis zu zwei Monate am CERN. Er betont die Wichtigkeit der Lehrerprogramme und meint, jeder Lehrer gebe seine Erfahrungen an tausend Schüler weiter. Auf der Fahrt in die Schweiz hat die Reisegesellschaft das Deutsche Museum in München und den Rheinfall besucht, aber einmal angekommen, blieb wenig Zeit für Tourismus. Das Programm ist dicht, neben Vorträgen sind auch praktische Übungen vorgesehen. An diesem Nachmittag haben die Teilnehmer Nebelkammern gebaut, das sind einfache Teilchendetektoren. «Am liebsten haben es die Lehrer, wenn ich und andere Wissenschaftler uns in den Fragerunden widersprechen», sagt Dezső Horváth. «Ich könnte natürlich alle Fragen selbst beantworten, aber es ist viel spannender, wenn unterschiedliche Positionen zu Wort kommen.» Als er von seiner eigenen Forschung erzählt, beginnen seine Augen zu leuchten wie bei fast allen meinen Gesprächspartnern. Es geht darum, die Masse von Materie und Antimaterie zu bestimmen und herauszufinden, ob sie gleich gross ist, wie die Theorie vorhersagt. «Das ist ziemlich wichtig.» Und dann kommt auch Dezső Horváth auf die grossen Fragen zu sprechen, auf den Urknall, dem man sich wissenschaftlich nähern, den man aber nie erreichen könne. «Im Moment des Urknalls galten keine physikalischen Gesetze», sagt er. «Es gab weder Raum noch Zeit.» Er sei nicht religiös, aber er sei verblüfft gewesen, als er die Vorstellung von Zeit in der modernen Kosmologie schon in den *Bekenntnissen* von Augustinus gefunden habe, die im vierten Jahrhundert nach Christus geschrieben wurden. «Wenn es also vor Himmel und Erde keine Zeit gab, wie kann man dann fragen, was du (Gott) damals machtest?», heisst es dort etwa. «Denn es war kein Damals, wo noch keine Zeit war.» Und an anderer Stelle: «Alle Zeiten schufst du und vor allen Zeiten bist du und nie gab's eine Zeit, wo keine Zeit war.» «Er kam nur durch Nachdenken darauf», sagt Dezső Horváth lachend. «Sehr lustig.» Im Moment ist er seltener am CERN als sonst, weil der Teilchenbeschleuniger für zwei Jahre stillsteht, um für noch höhere Energien umgerüstet zu werden. Wenn der Betrieb 2015 wieder aufgenommen wird, will er wieder hier sein. «Man hört nicht auf», sagt er. «Man macht einfach weiter, solange man Fragen hat. Ich liebe meine Arbeit. Meine zwei Söhne sind Geschäftsmänner und sagen immer, ich müsse glücklich sein. Dabei verdienen sie viel mehr Geld als ich. Für mich spielt Geld keine grosse Rolle.»

Weniger um Geld als um Stabilität geht es Marc Goulette, meinem Führer durch das CERN, der sich nach acht Jahren am Forschungsinstitut auch eine Stelle bei einem anderen Arbeitgeber vorstellen könnte. Bis vor kurzem arbeitete er als Postdoktorand der Universität Genf am ATLAS-Experiment, im Moment wird er von zwei Forschungsteams bezahlt und verdient mit Führungen etwas dazu. Aber sein Vertrag muss jedes Jahr erneuert werden. «Viele meiner Freunde haben Familien, Häuser, zwei Autos», sagt Marc. «In der Privatwirtschaft würde ich das Doppelte verdienen, vielleicht das Vierfache.» Wir sitzen neben der Blasenkammer in dem kleinen Park, der mich an einen Spielplatz für Riesen erinnert hat, ein Bild, das für das ganze CERN gelten könnte. Der Kampf, zu den Riesen der Physik zu gehören, zu den Nobelpreisträgern, den Verantwortlichen und Einflussreichen, ist hart. Die wenigen festen Stellen für Forscher am CERN sind sehr gesucht. «Es gibt hier viel mehr gute Physiker als Stellen», sagt Marc. «Die Stimmung ist sehr kompetitiv, man arbeitet an den Abenden, an den Wochenenden. Letztlich kämpft jeder für sich allein. Das CERN ist ein seltsamer Mikrokosmos, es ist nicht die Realität.» Ganz sicher ist sich Marc aber doch nicht, ob er diesen Mikrokosmos verlassen will.

«Wenn man sagt, man geht, tun sich manchmal plötzlich Türen auf», sagt er. «Ich werde mich auf jeden Fall weiter auf die ausgeschriebenen Stellen bewerben.» Wie er ins CERN gekommen ist? «Da muss ich damit anfangen, wie ich sechs Jahre alt war und im Fernsehen Formel-1-Rennen geschaut habe», sagt Marc und erzählt eine Lebensgeschichte voller Zufälle und abrupter Wendungen. Physiker war für ihn die zweite Wahl, eigentlich wollte er Testpilot oder Astronaut werden. Noch heute bewirbt er sich um jede Stelle, die in diesem Bereich ausgeschrieben ist. Eben ist er dabei, sein Dossier für «Mars One» zusammenzustellen, eine private Initiative zur Besiedlung des Mars. Aber die Konkurrenz dort ist noch grösser als am CERN. Schon zwei Wochen nach der Ausschreibung hatten sich über 75 000 Kandidaten beworben. Marc zuckt mit den Schultern. «Ich glaube, ich bin einfach jemand, der immer ein Ziel haben muss.»

An meinem letzten Tag im CERN treffe ich Jasper Kirkby noch einmal zum Kaffee im Restaurant, wo jeden Tag unzählige Zufallsbegegnungen stattfinden, Kollisionen von Ideen, aus denen neue entstehen. Auch Jasper sprüht vor Ideen, erzählt Anekdoten, spricht über die Wahrscheinlichkeit ausserirdischer Intelligenz und prophezeit die Machtübernahme der Frauen auf der Welt. Er nennt Religion einen Mülleimer, in den wir all die Fragen steckten, die wir nicht beantworten könnten und meint: «Das Negative an den Religionen ist, dass sie alle Antworten haben und die Menschen entmündigen.» Gegen Ende unseres Gesprächs wird er ernst. «Kreativität ist eine unglaublich wichtige Fähigkeit des Menschen. Ich glaube es ist unsere Pflicht sie zu fördern, ohne immer gleich an die Resultate zu denken. Man muss den Menschen nur Freiheit geben und dafür sorgen, dass sie angstfrei leben können, dann sind sie zu so vielem fähig.» Ich frage ihn, ob er glaube, dass wir jemals Antworten auf alle Fragen fänden. Er schüttelt den Kopf. «Die Beschäftigung mit den Wissenschaften kam vor vielleicht fünfhundert Jahren so richtig in Gang. Wir sind noch ganz am Anfang, bis jetzt haben wir nur an der Oberfläche gekratzt. Wo werden wir in tausend oder in zehntausend Jahren stehen? Es werden immer neue Fragen auftauchen, wir werden nie zum Ende kommen. Nie. Wir brauchen doch einen Grund, am Morgen aufzustehen.»

Peter Stamm, geboren 1963 in Scherzingen, Schweiz, ist freier Autor. Sein erster Roman *Agnes* erschien 1998 im Arche Verlag Zürich. Seither hat er zahlreiche Romane und Erzählungen veröffentlicht, unter anderem *Sieben Jahre* (2009) und *Seerücken* (2011). Neben seinem Prosawerk hat Peter Stamm auch Hörspiele und Theaterstücke verfasst.

ARRET D'URGENCE
GENERAL
GENERAL
EMERGENCY STOP

Protect your passwords

L05410
S-R-004

EVEREST — 360° view from the summit
LACIERS DU MONT-BLANC
Library

AWESOMENESS
WHY THE FUCK
CAN'T YOU PEOPLE FOLLOW BASIC INSTRUCTIONS?
MINUTE

SURFACE SCIENCE
GIRO

DOSIMETRY

DROMEAS

CB-917-YE

CURIE
AD-282-AL
431K 10024

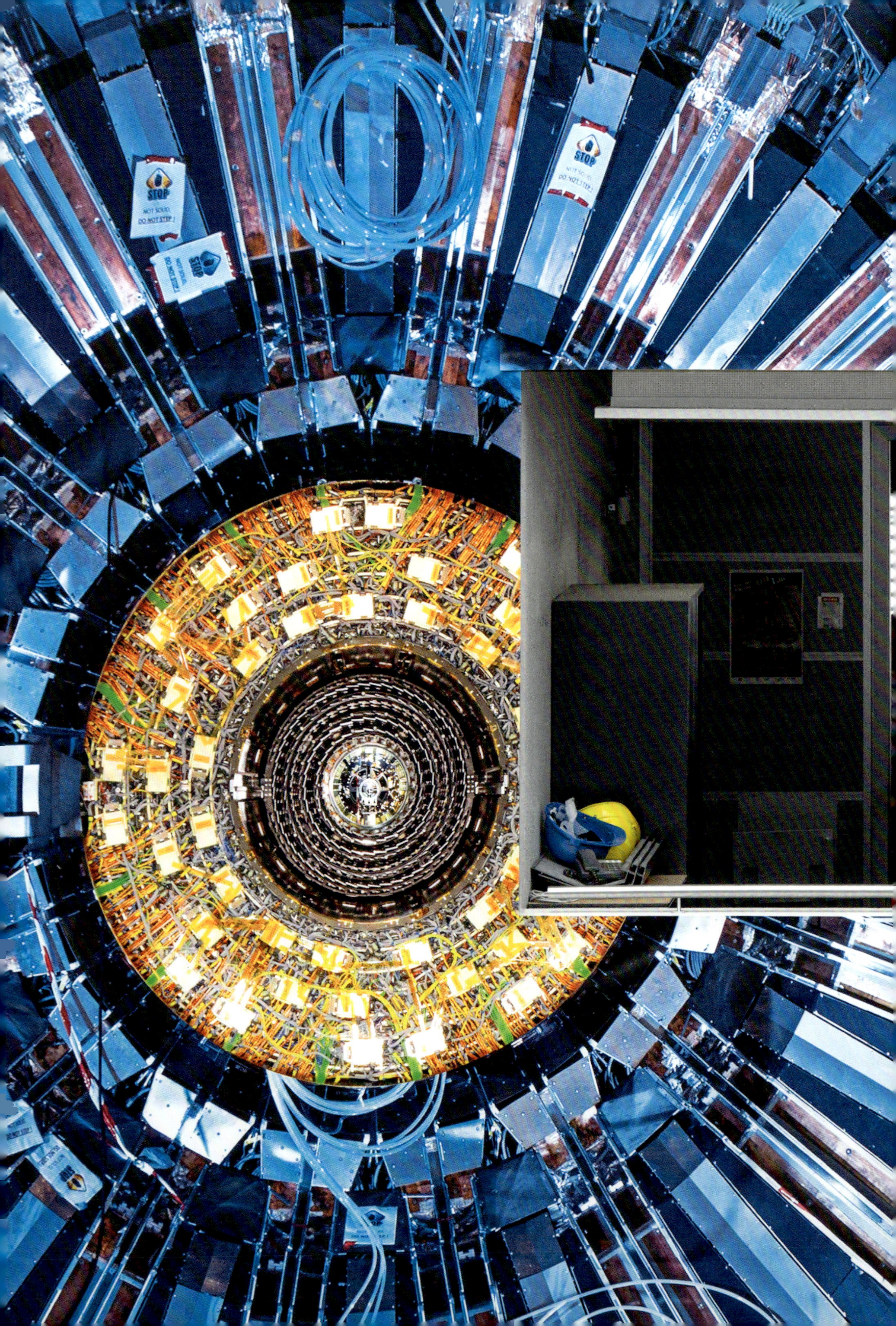
STOP
NOT SOLID,
DO NOT STEP !

MB/+2/1/2
113
MB/+2/2/2
156

SANTA
EMILIA
FRIZZANTE

ASUS

0,111
0,147
0,161
5000
1000
Scint. light (simul
Amplitude
Fast
Slow
JORDAN TIMES
HOLLYWOOD
Billy Bob Thornton gives odd interview
DEAD SEA ULTRA MARATHON
Record number of runners
WEATHER
Jordan, UK 'in agreement' on two-state solution — Miliband
Arab FMs, Musa due in Amman

45cm
Ar

Birger

Beyond

60-70 MChf
BIELLA
Civil Engineering
Tenders
Budgets
palor

CONSEIL DE PHYSIQUE
Higgs
boson
vintage 1964

n = T^2/6 k μ
k_u = 3×3 = 9
k_l = 3×2 = 6
k_H = 2×2 = 4
X_2 → X_1 H
mixing
Λ_2 ~ GUT
3μq + μl = 0

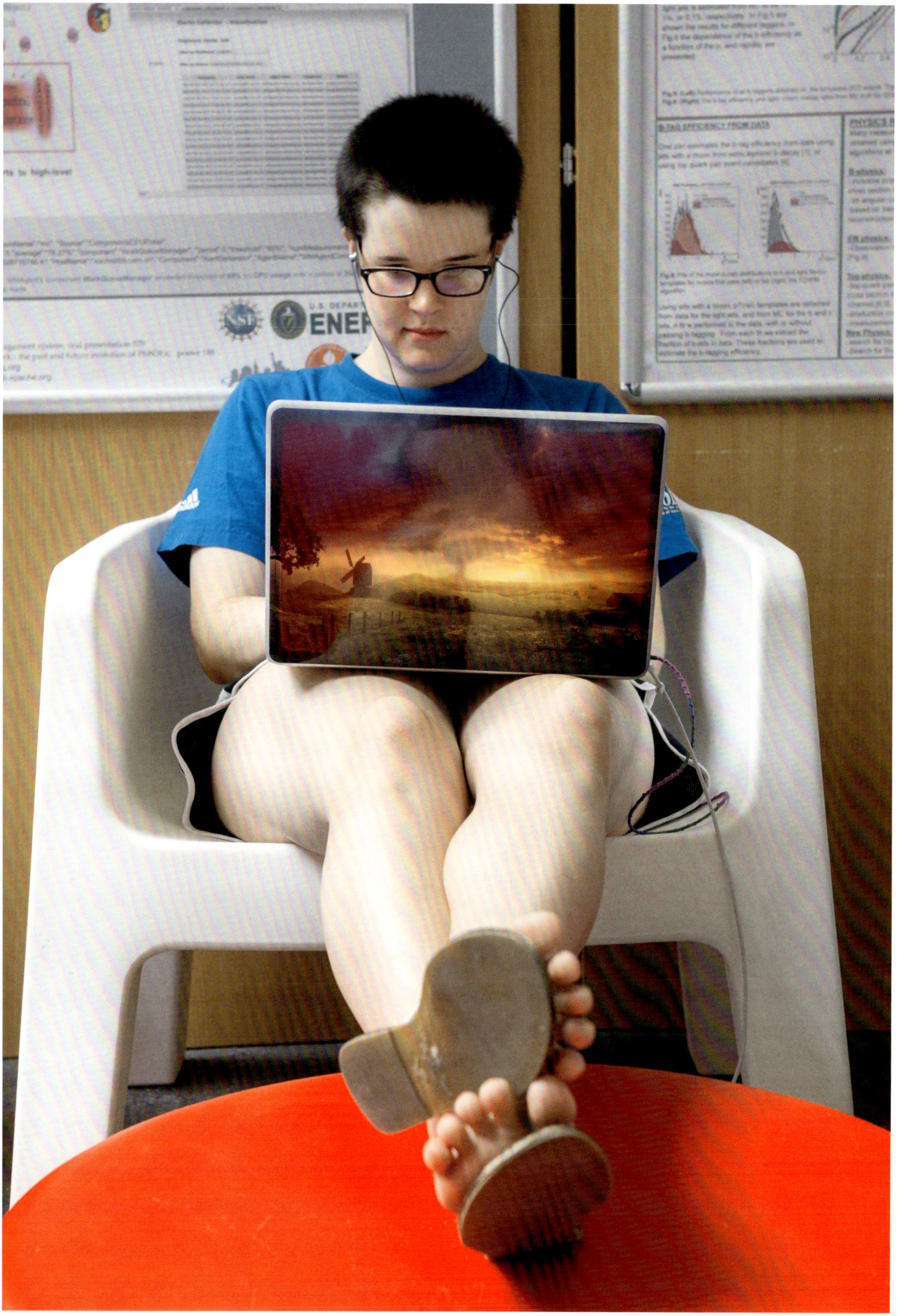

O Coffee
O Tea
O Espresso
O Caffè Latte
O Macchiato
O Cappuccino
O Hot chocolate
Vittel
Business Monitor
Écran commercial

ORANGINA
FORMAT FAMILIAL
8x1L
lactel

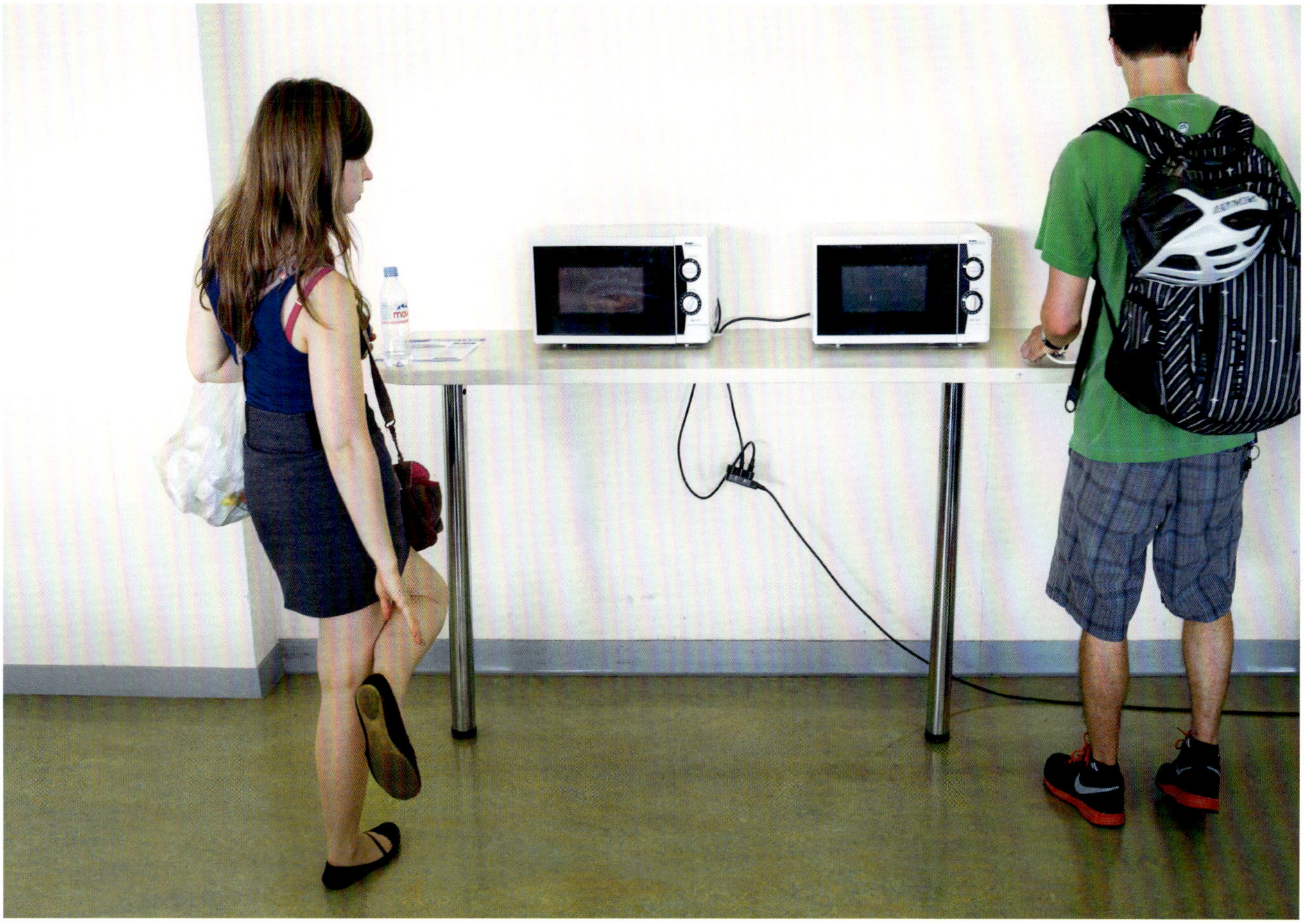

EPAC
2002
The Effect of Cooling Water on Magnet Vibrations
CLIC

Make it Happen.

BATIMENT №
32
2-B09
Adish VARTAK
SAY GOD PARTICLE
ONE MORE
GODDAMN TIME
science.memebase.com

lenovo

VAIO

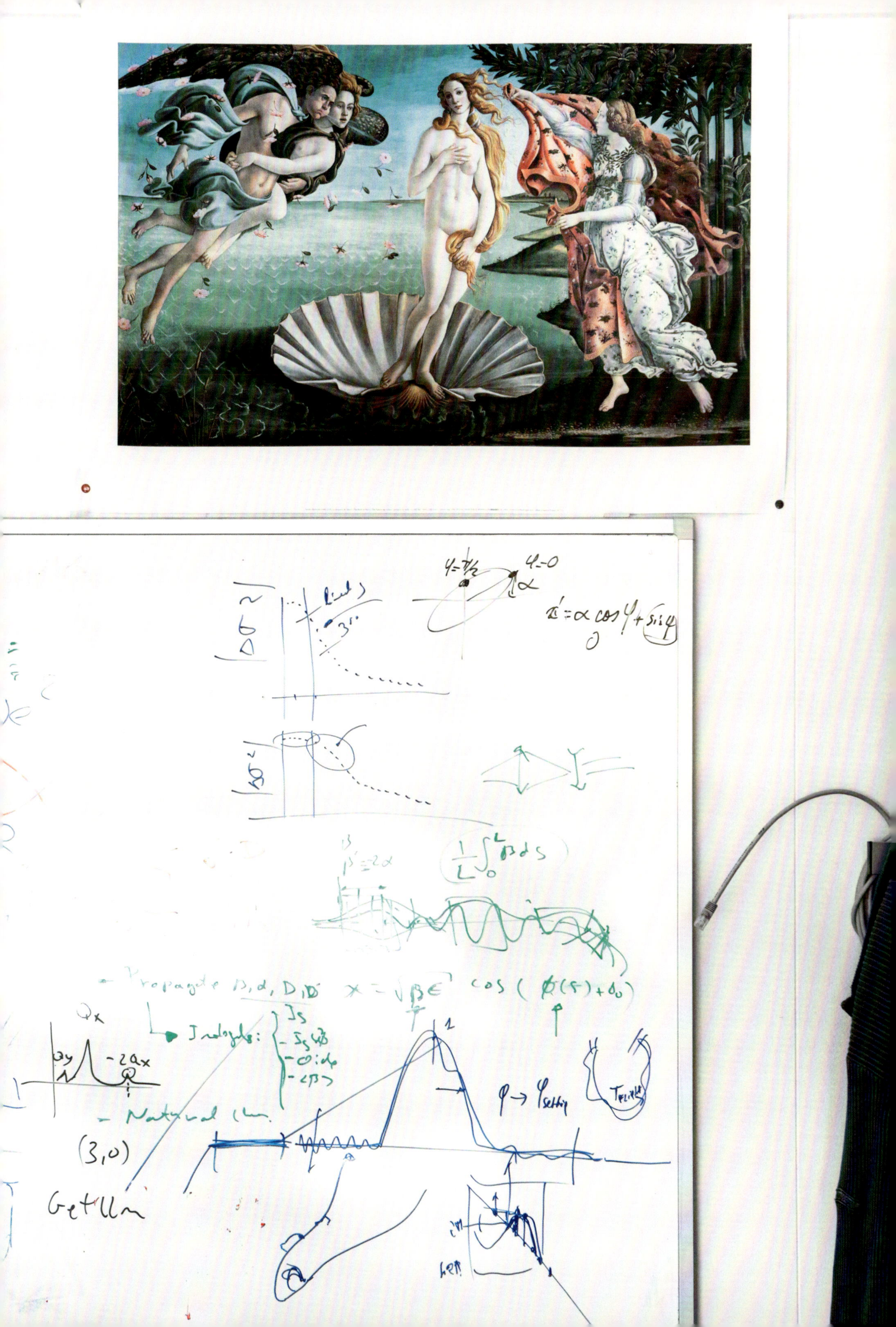

Propagate β, α, D, D'
Integrals:
Natural Chr.
(3,0)
GetLLm

26th International Symposium on
LEPTON PHOTON
INTERACTIONS at HIGH ENERGIES
SLAC
Advanced
Accelerator Physics
2nd International Workshop
Antimatter and Gravity
International Advisory Committee
Journeys Through the
FRONTIER
Planning for Future Facilities
TRISEP
EUCARD'13 from EuCARD to EuCARD
"Visions for the Future of Particle Accelerators"
CERN
School of Computing
2013
Base Technologies
Data Technologies
Physics Computing

Physics in Intense Fields
RICH 2013
December 2nd - 6th 2013
Waves and Particles
PLANCK 2013
ÉCOLE DE PHYSIQUE
PROGRAMME 2013
POST-PLANCK COSMOLOGY
2013 IEEE NSS/MIC/RTSD

STOP

Prof. Samuel C.C. Ting
AMS-02

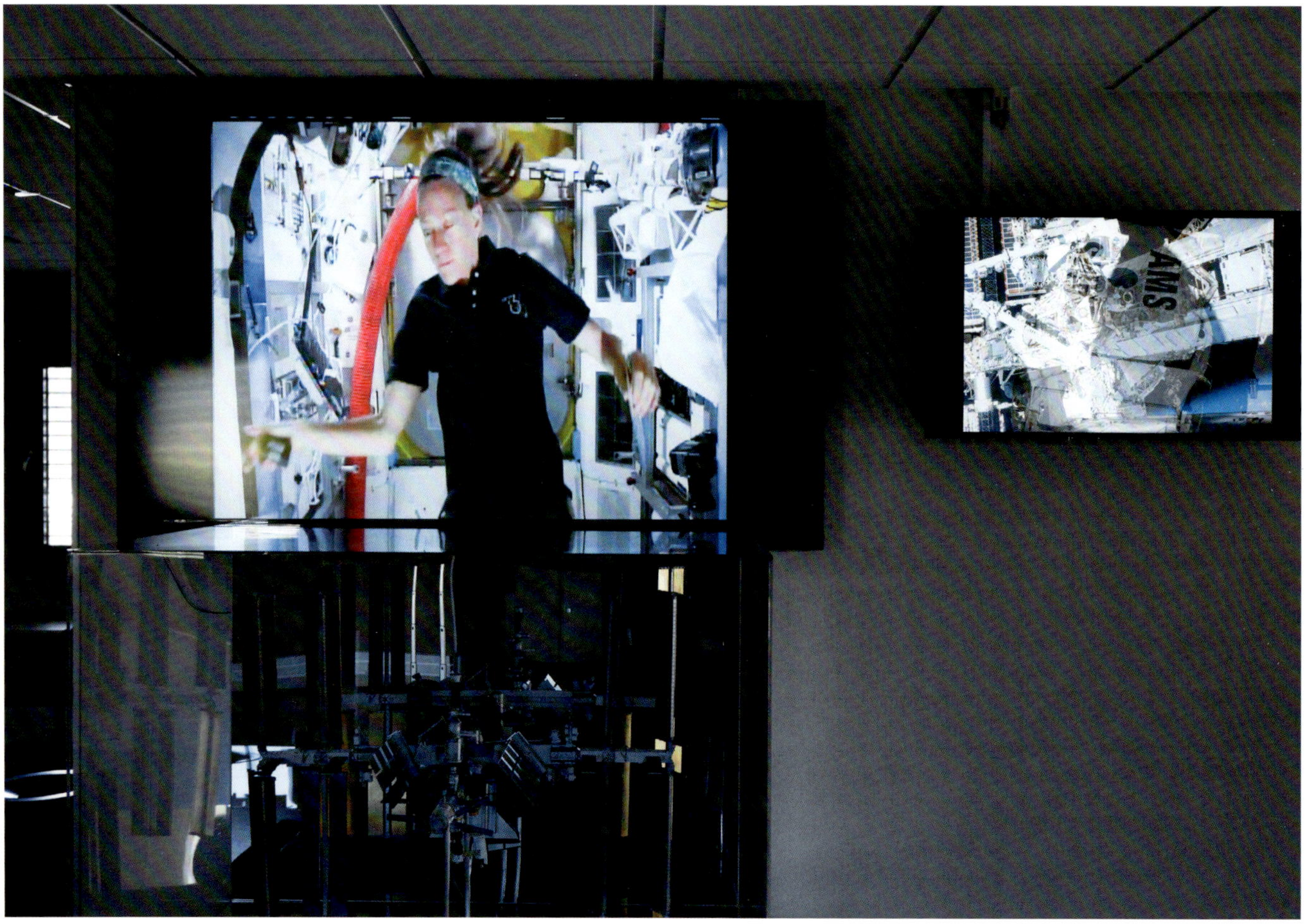
AMS

BATIMENT Nº
100
R-055
Equipment Supervisor.
Div. / group : EST/HF
Tel / GSM

icepp
icepp
ATLAS
TOKYO

ANTI-TARTRE
Signal
BIKE
CÔTES DU RHÔNE
LES COMBES SAINT-SAUVEUR

MONT-BLANC
4810m
MONT-BLANC

582

Directeur général
MB
60

Bureau du Directeur général
Salle de Conférence

Physics Program: Not o
Overall Protons delivered in 2012
Isolde 1.15x10+20 63.8%
CNGS 3.9x10+19 21.6%
n-TOF 1.9x10+19 10.2%
The rest 8.13x10+18 4.5%
LHC 3.25x10+16 0.018%
Total 1.81x10+20
The LHC Physics Program used 0.018% of the protons produced in CERN accelerators during 2012!
.... well.... LHC is a storage ring....

PGM
PVW
CAM 1
CAM 2
CAM 3
! PC FIXE
FIBRE
! SDI IN6
SDI IN7
! CISCO

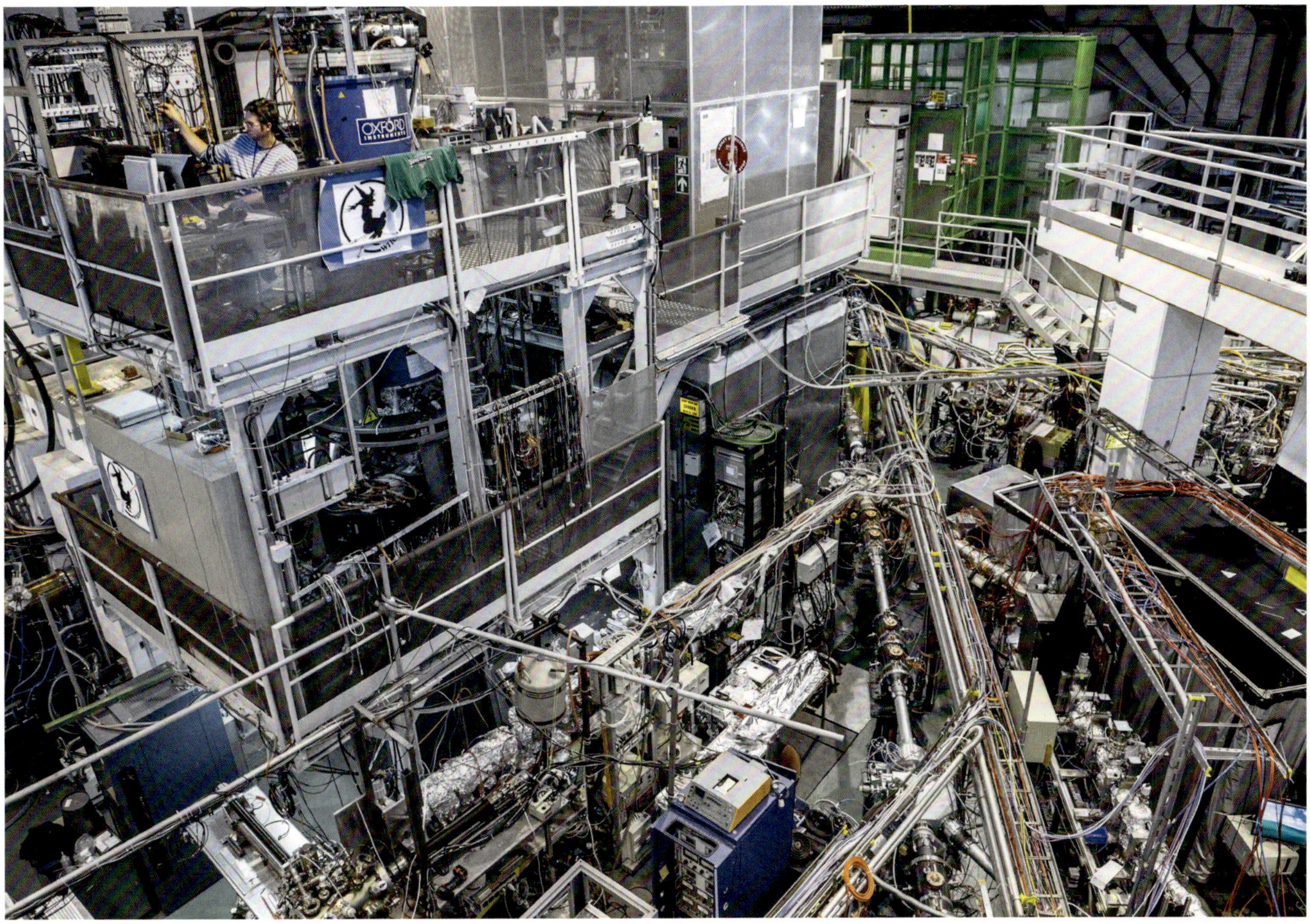
OXFORD
INSTRUMENTS

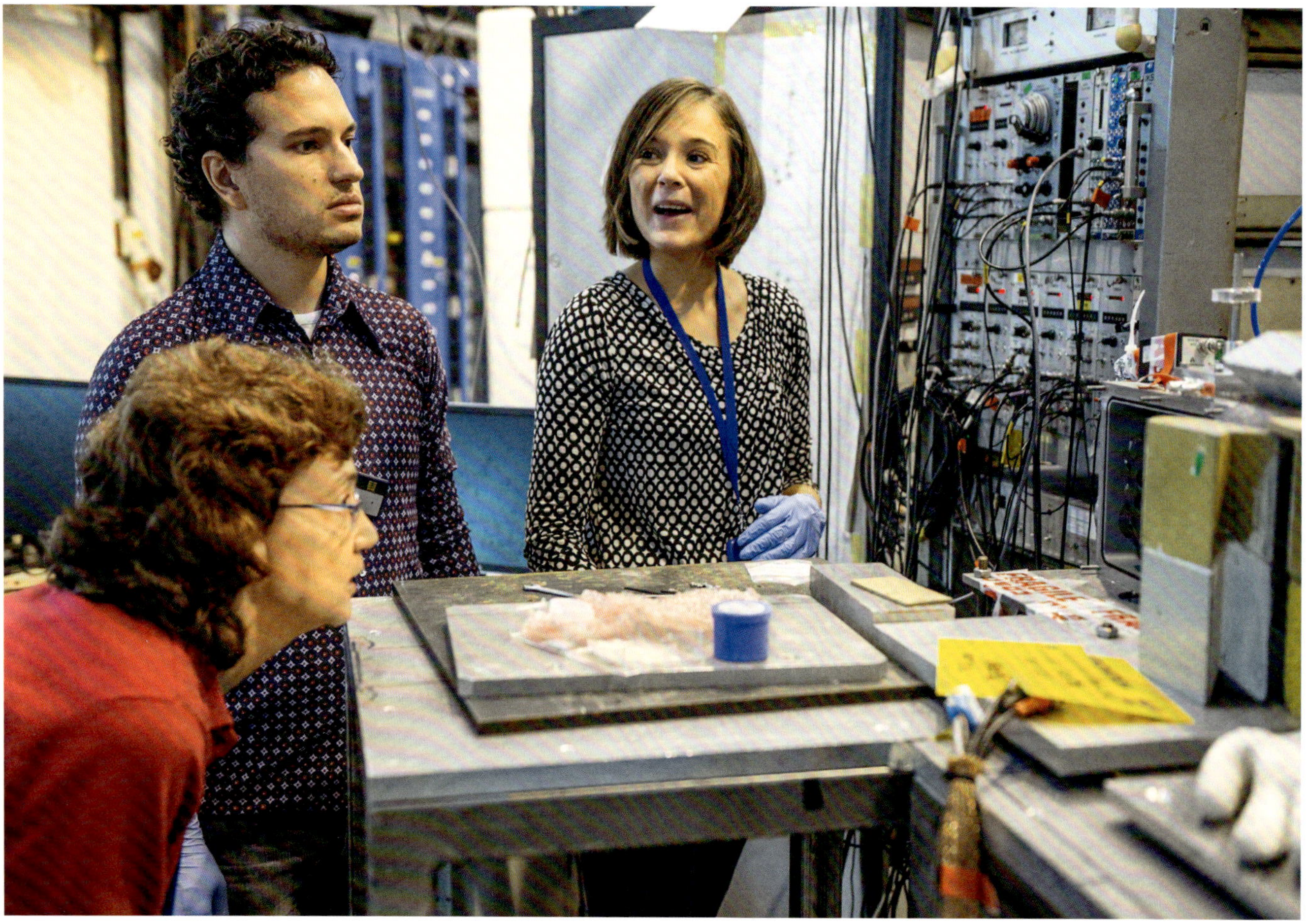

SOLO

Route DEMOCRITE

35
150

EPT11

PREMIERS SECOURS
FIRST AID
PROTEGER
SECOURIR
PROTECT
ALERTER
CALL
74444
74444

TYPE
HVCF
UV
DURATION
EMAIL JASPER 1ST
TO CHECK OK TO START
NOTE:
ION DRIFT
SPORTXX

SAMSUNG

Oct
22

Accelerating Science
Accélérateur de science
www.cern.ch

Menu 2

Coca-Cola
Even met zijn allen
tegelijk doorspoelen

ICI VERRES ET BOUTEILLES

RE 37

PROTON PHYSICS INJECTION PROBE BEAM
PROTON PHYSICS INJECTION PROBE BEAM

PROTON PHYSICS: NO BEAM
PROTON PHYSICS: NO BEAM

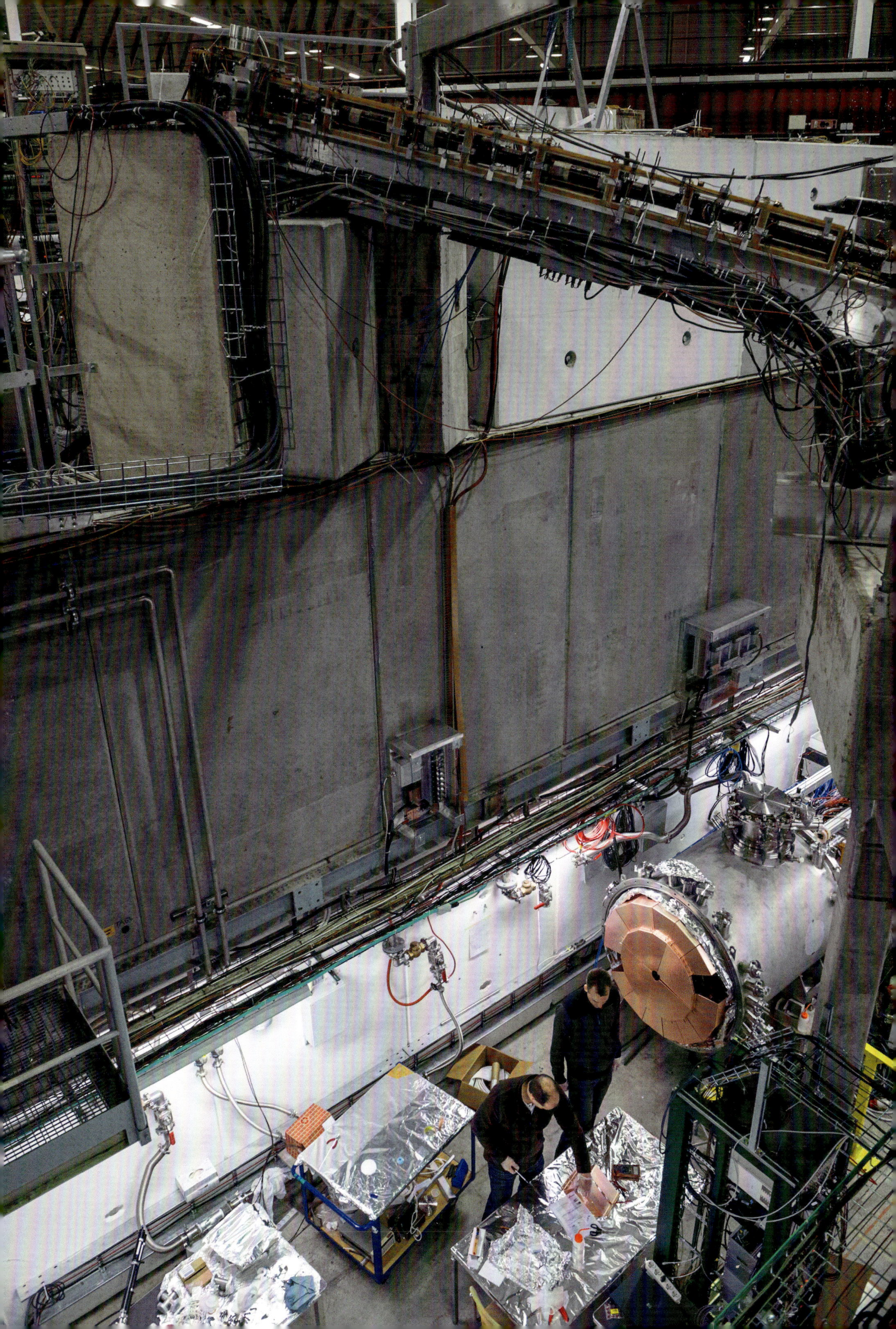

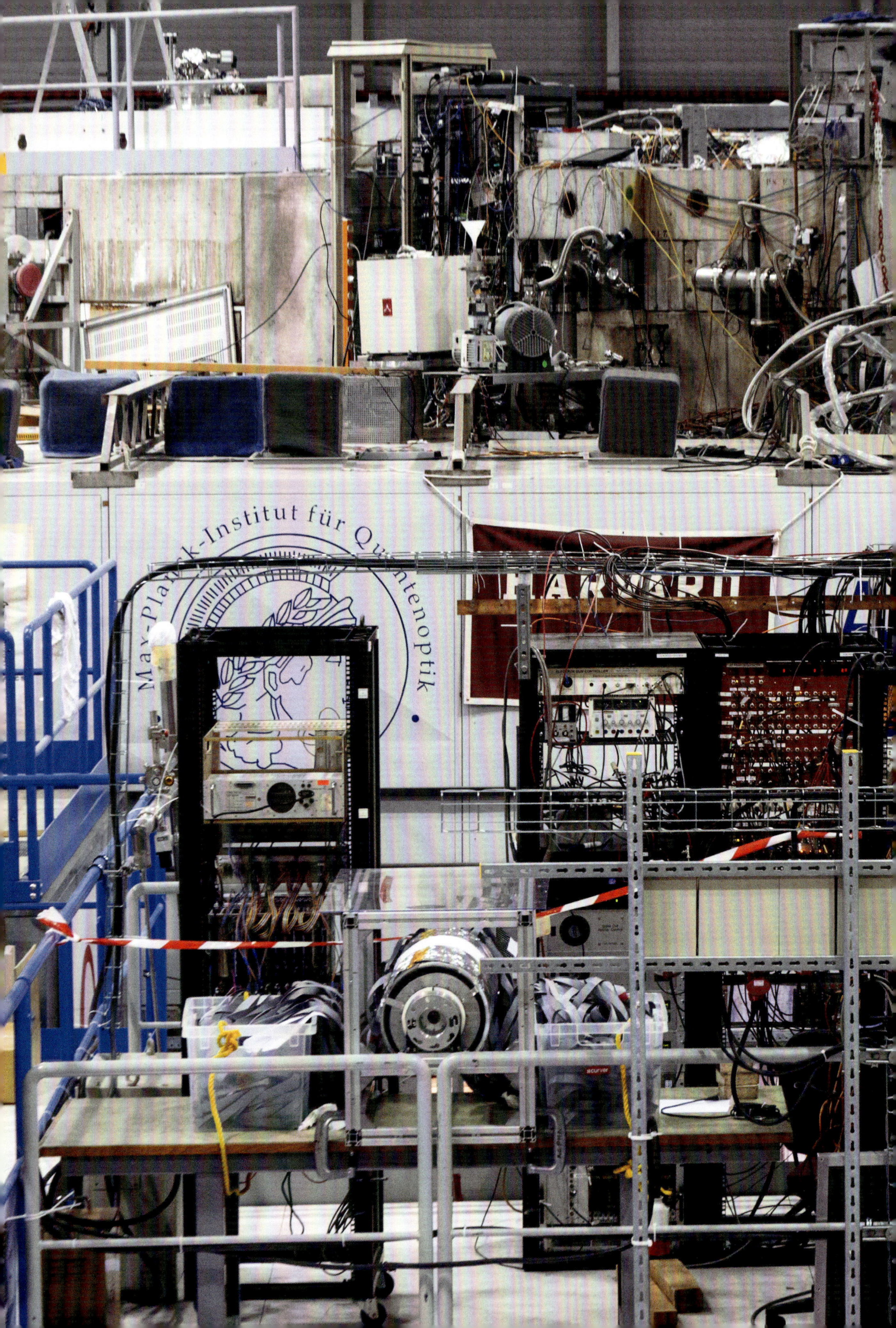

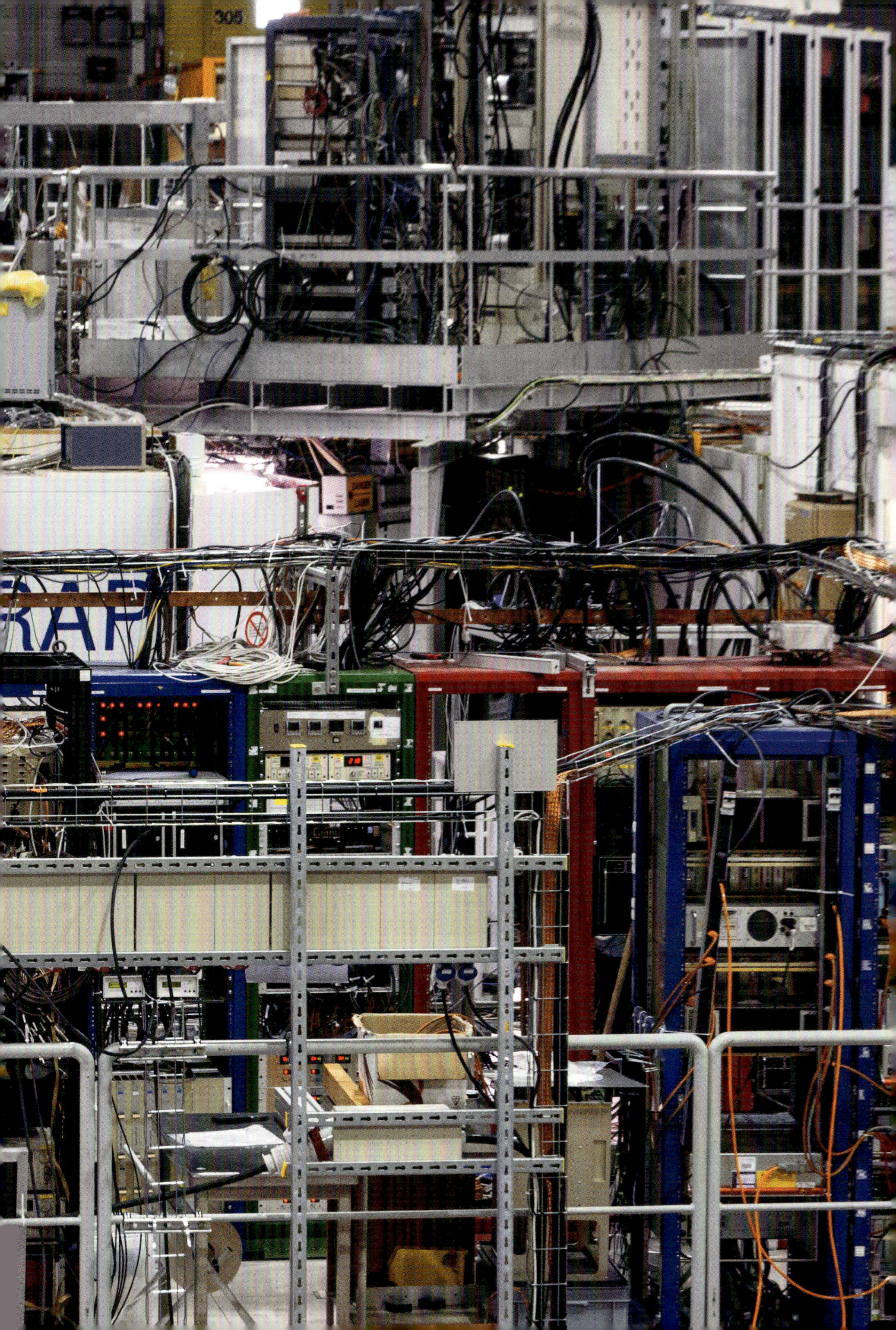
305
RAP

Nitrogen-Azote
Alu

Helium

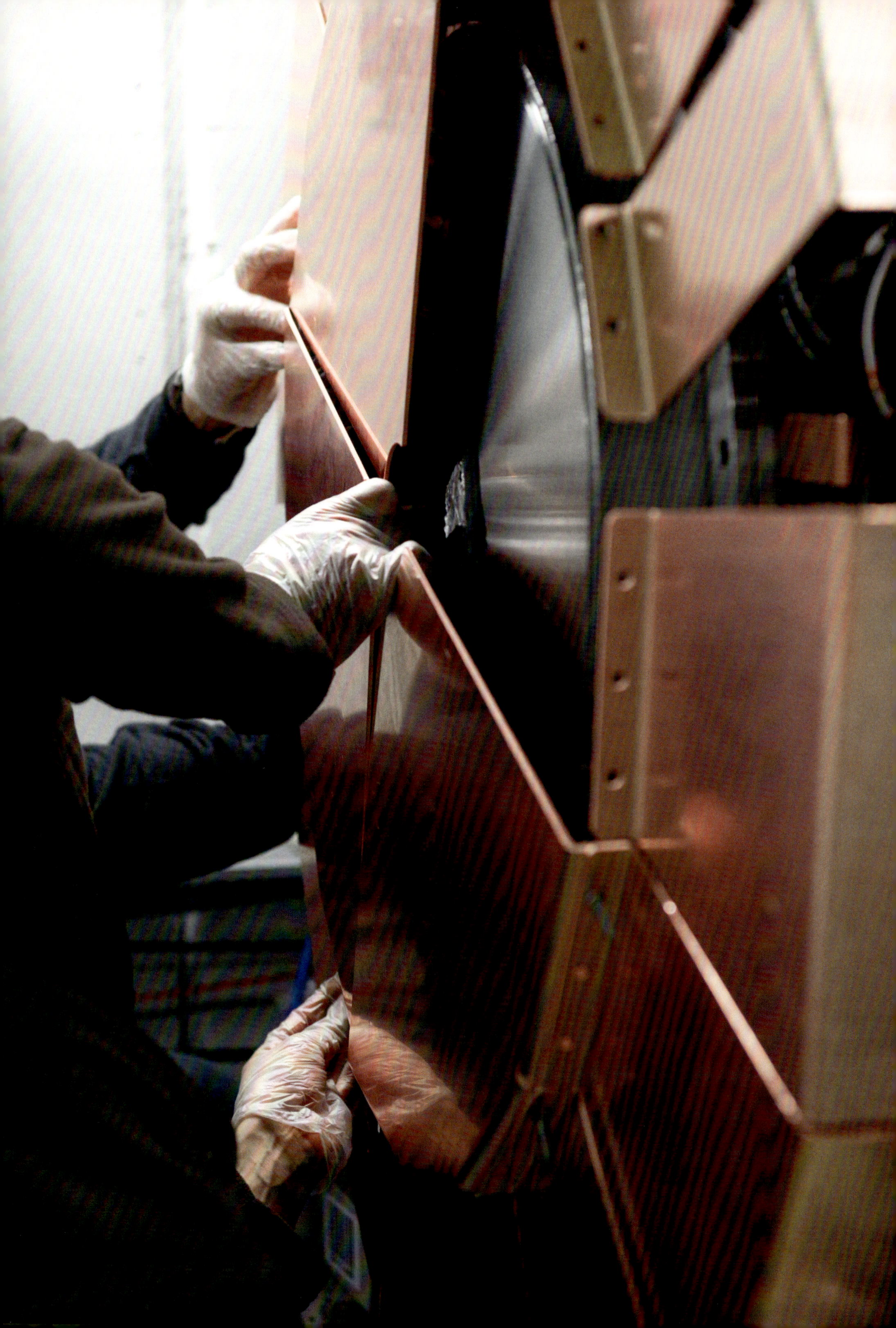

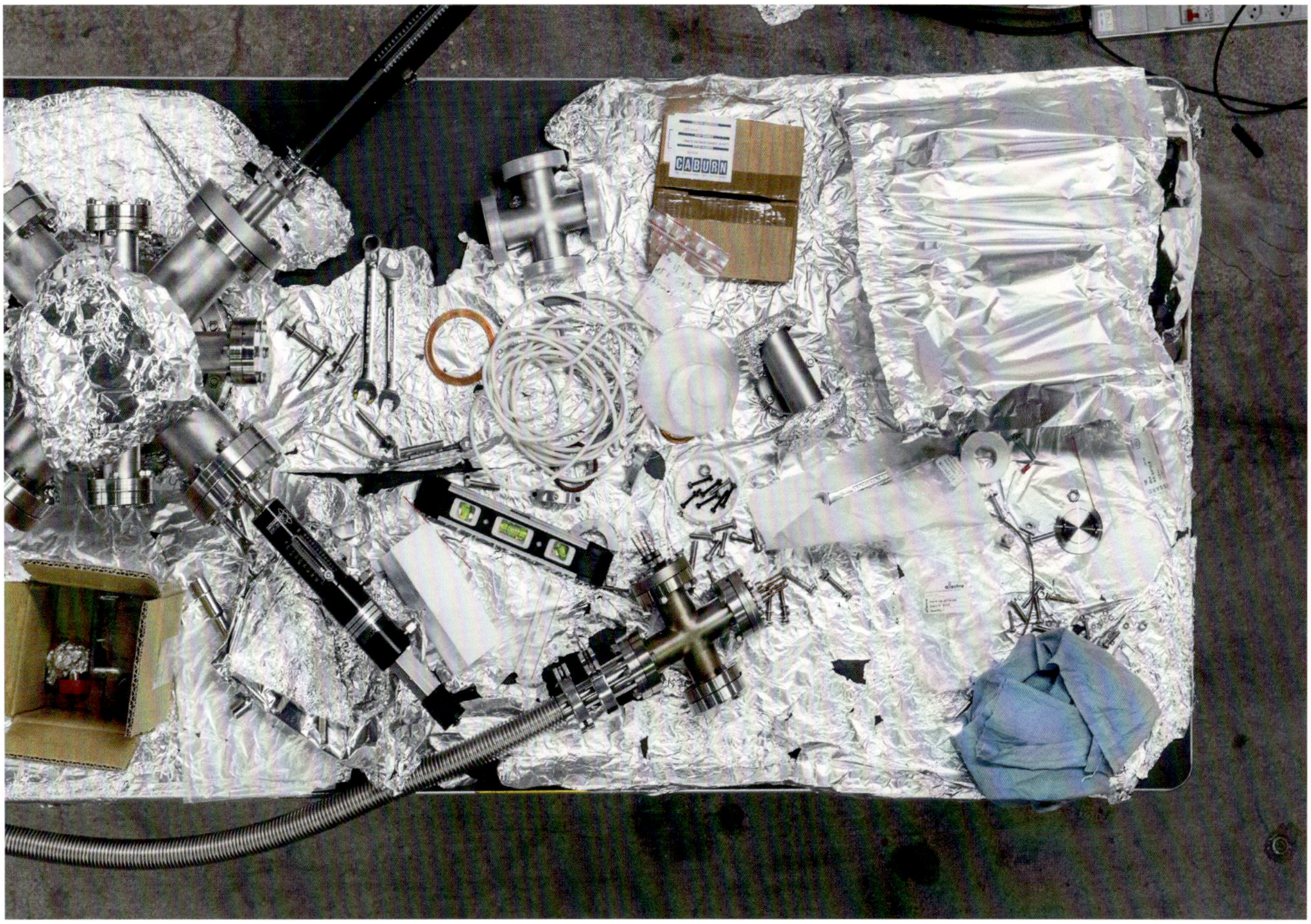
CABURN

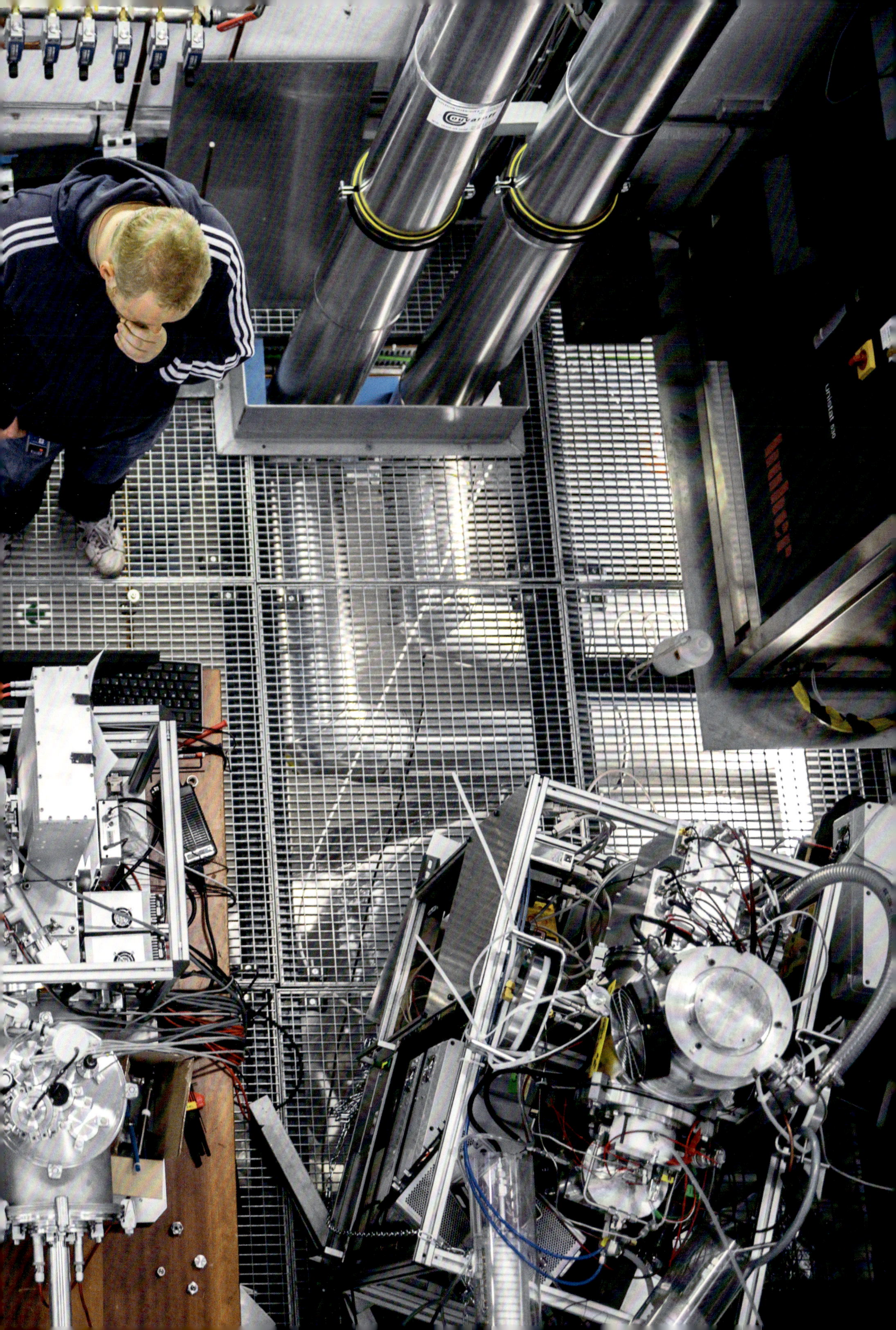

506

P

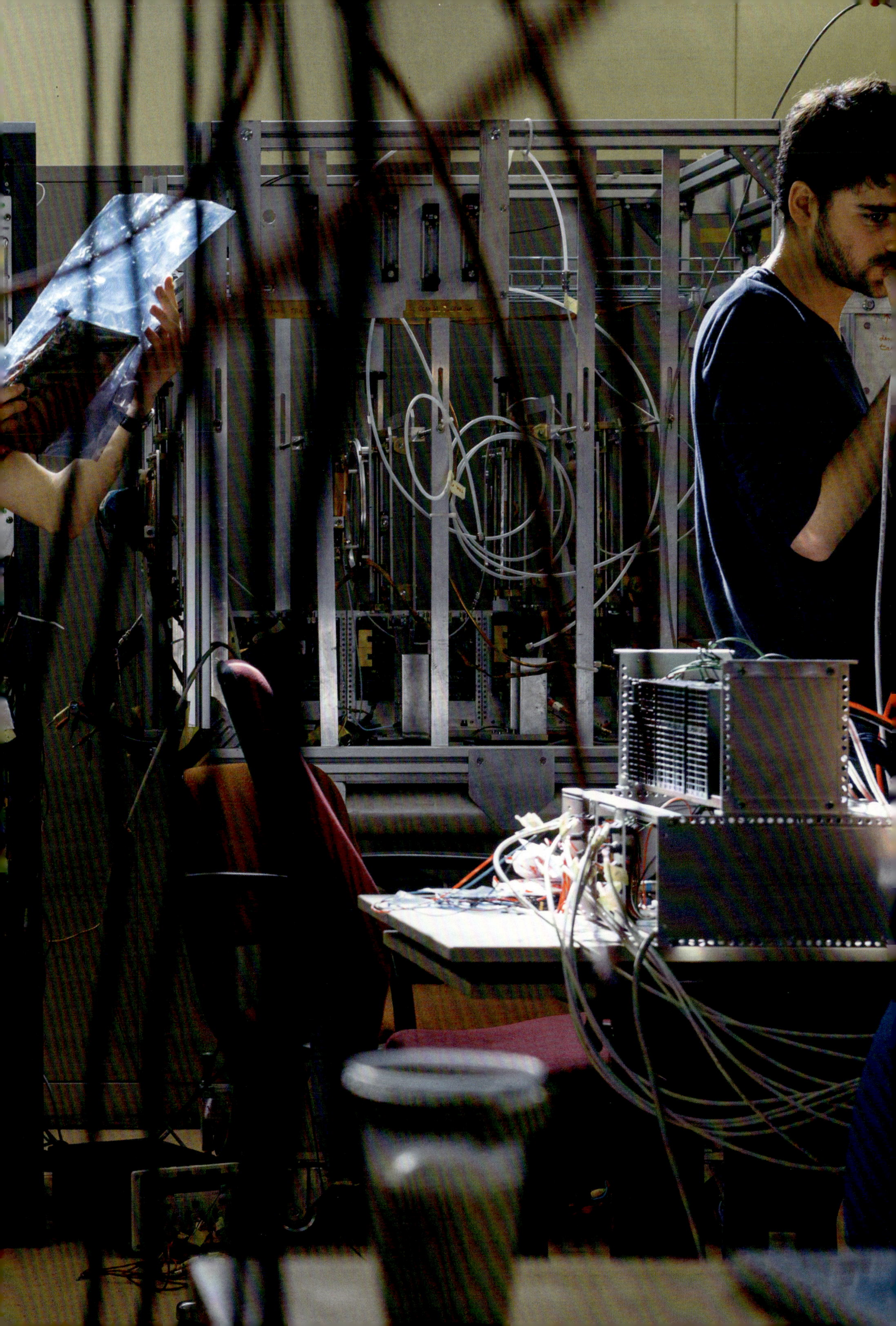

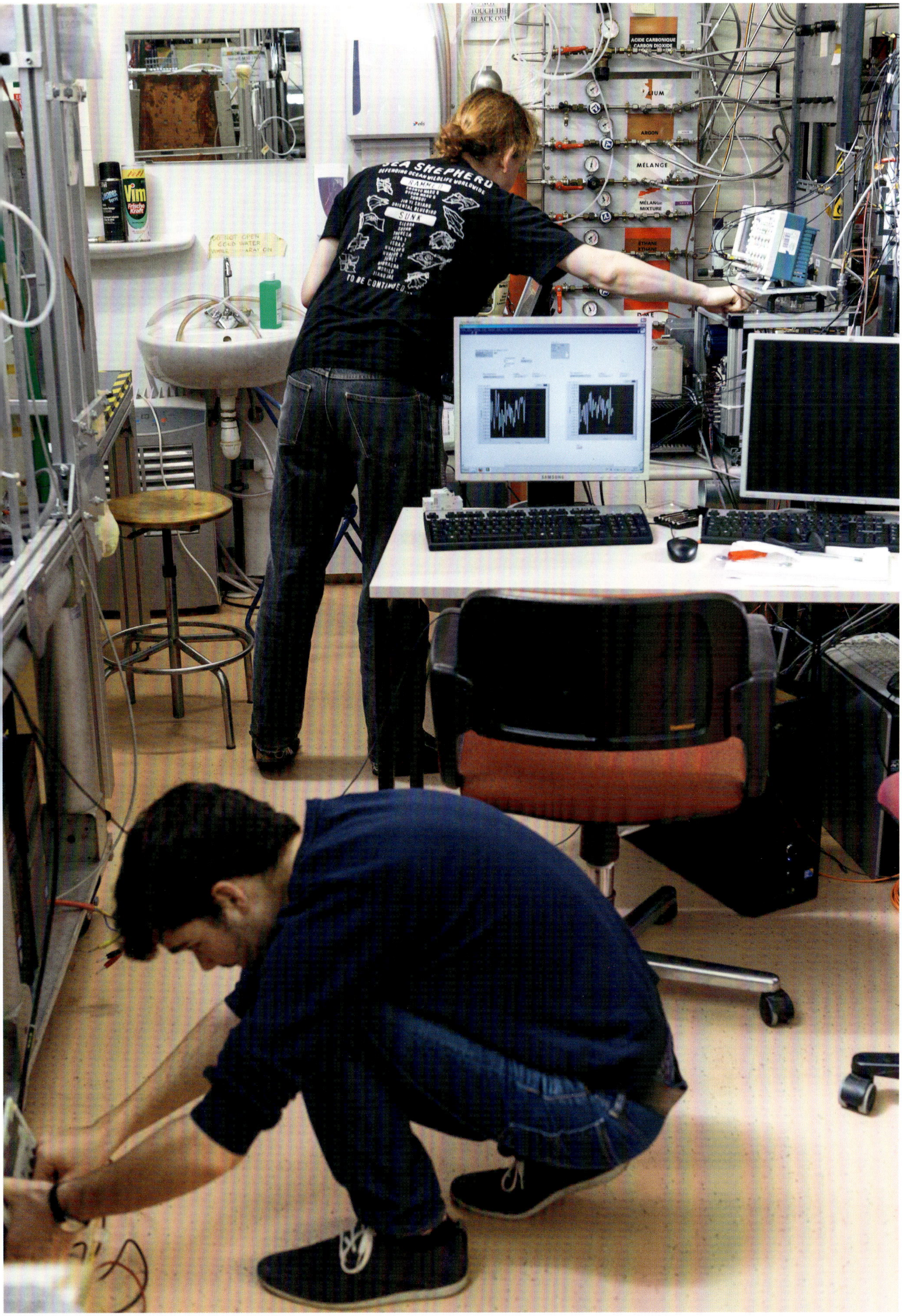
ACIDE CARBONIQUE
CARBON DIOXIDE
ARGON
MÉLANGE
Vim

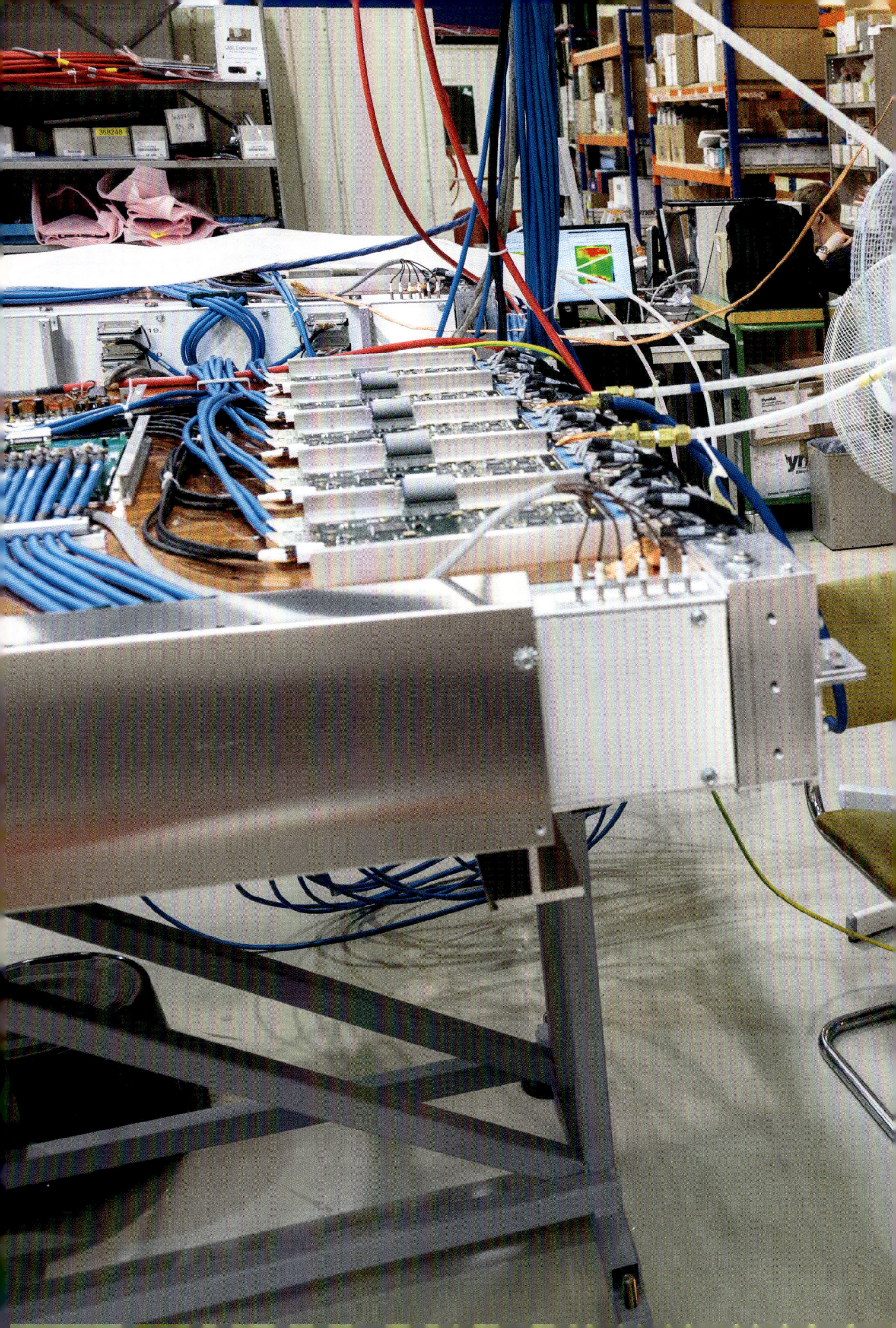
368248
19

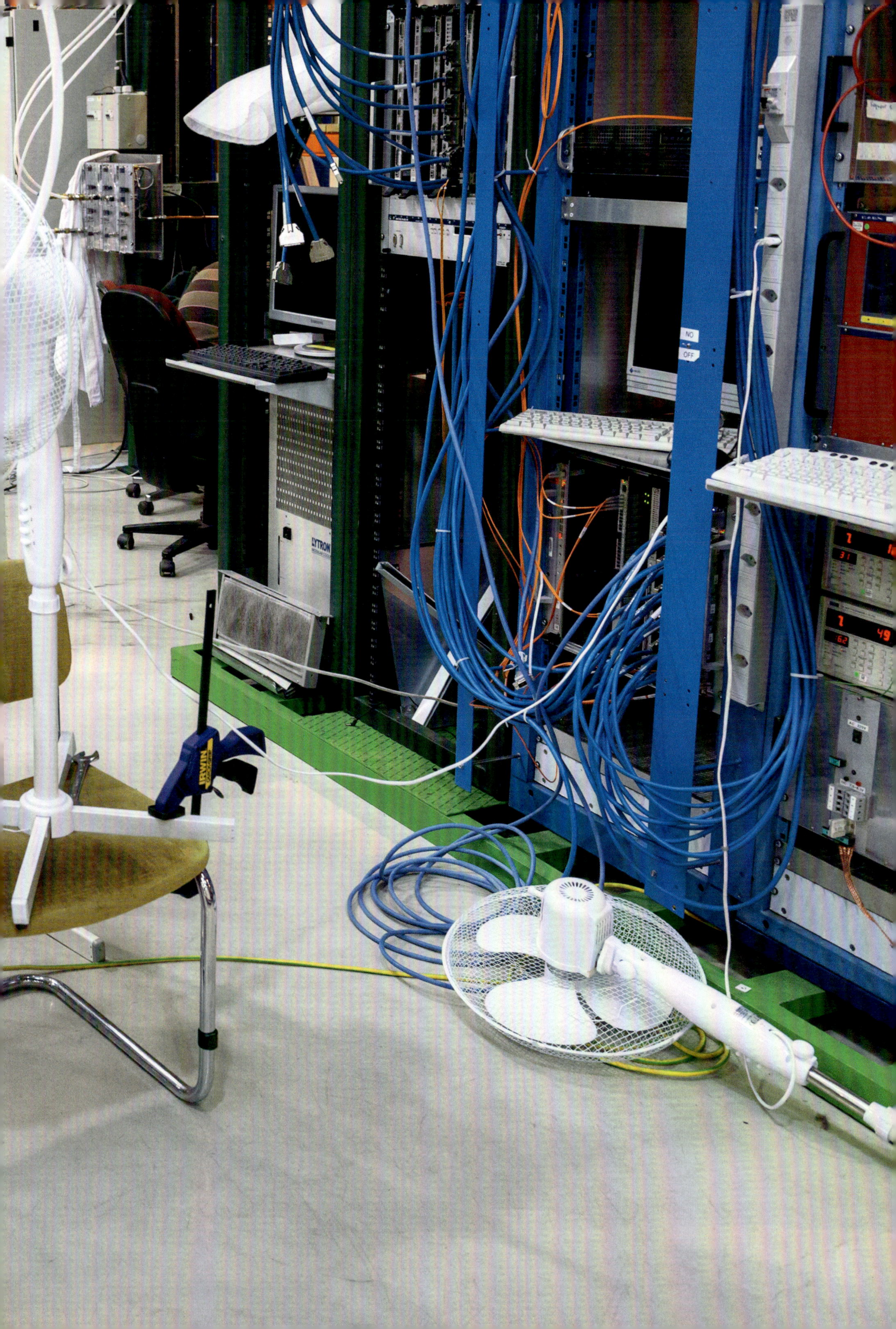
IRWIN
LYTRON
NO
OFF

Precision Tips

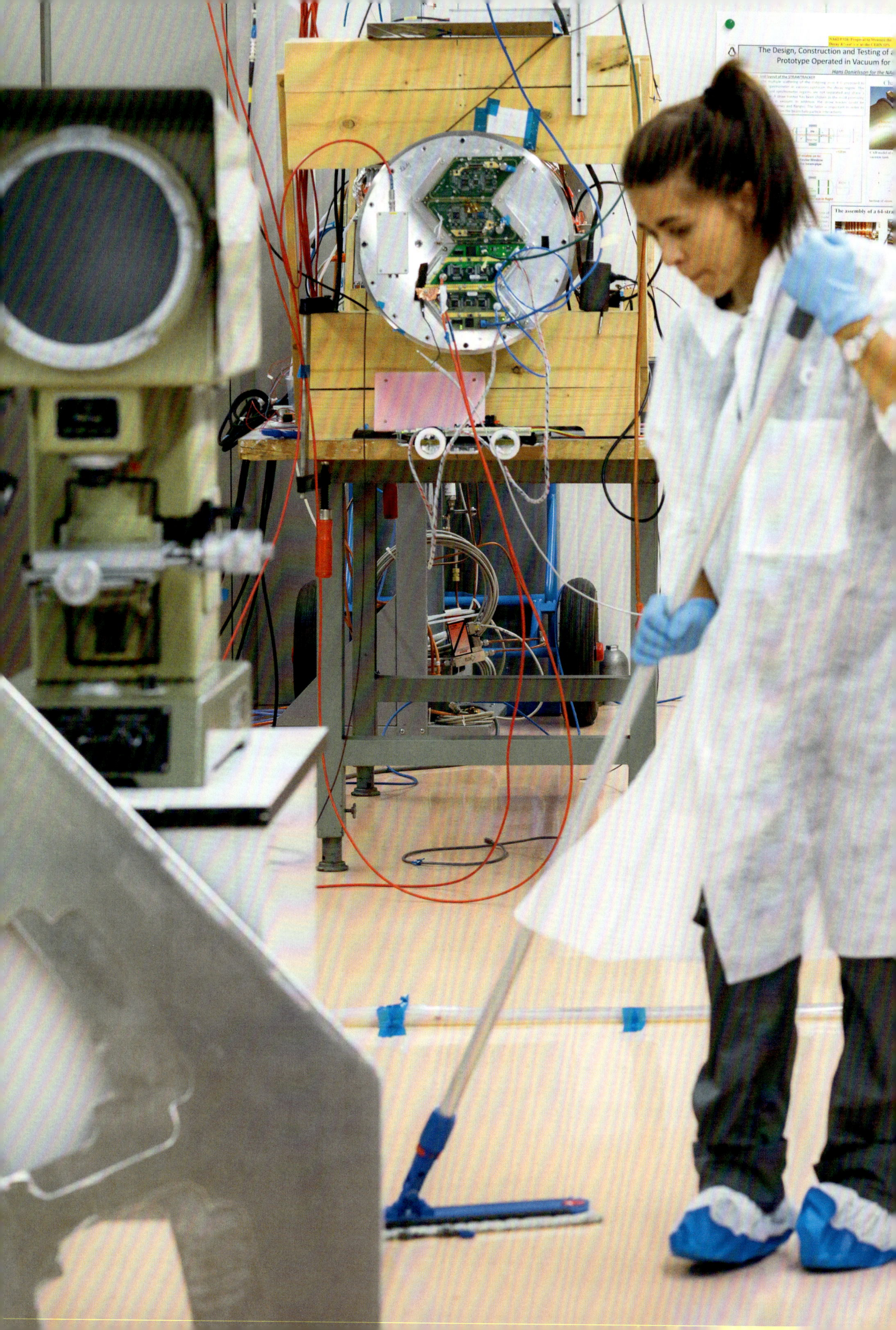
The Design, Construction and Testing of a
Prototype Operated in Vacuum for

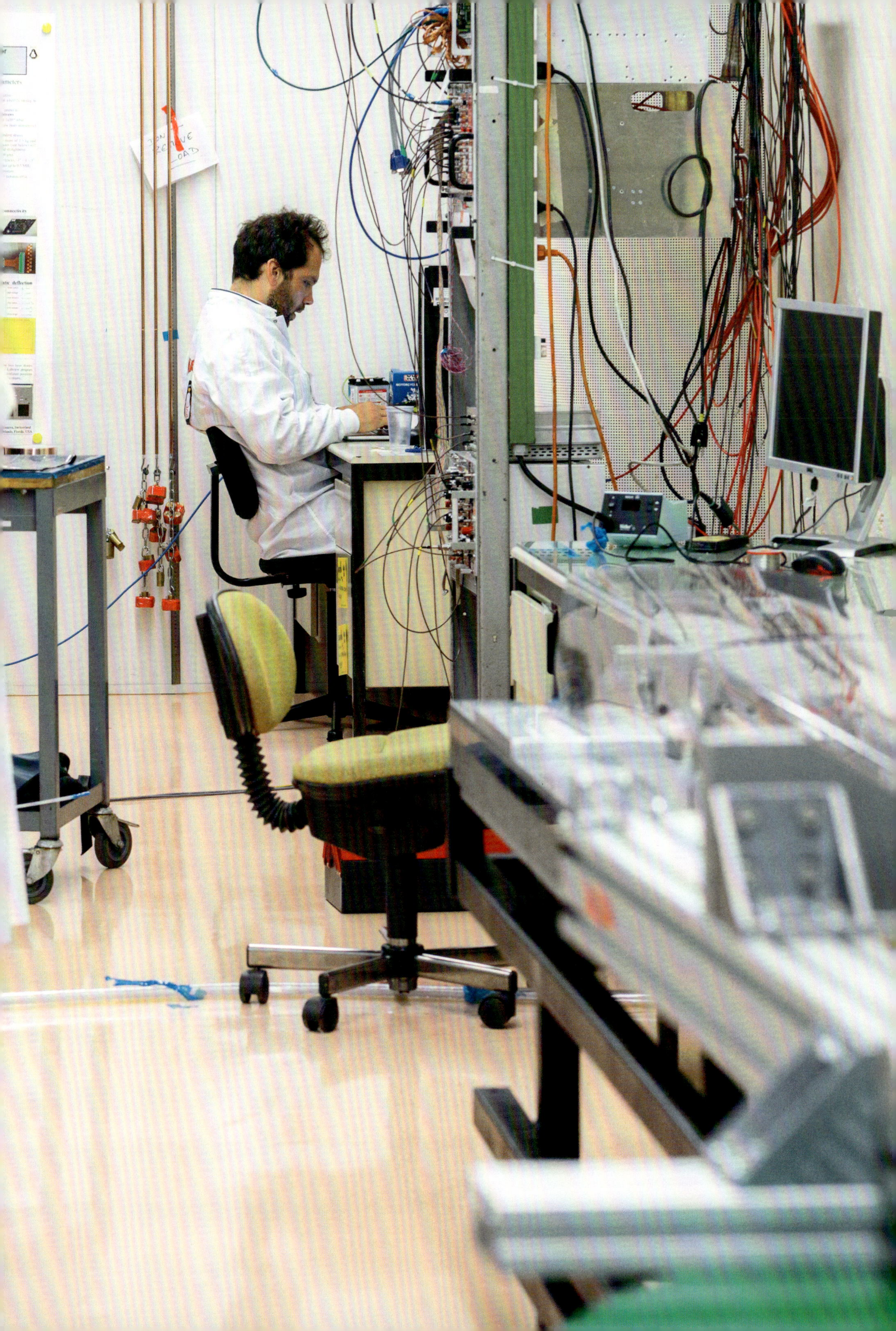

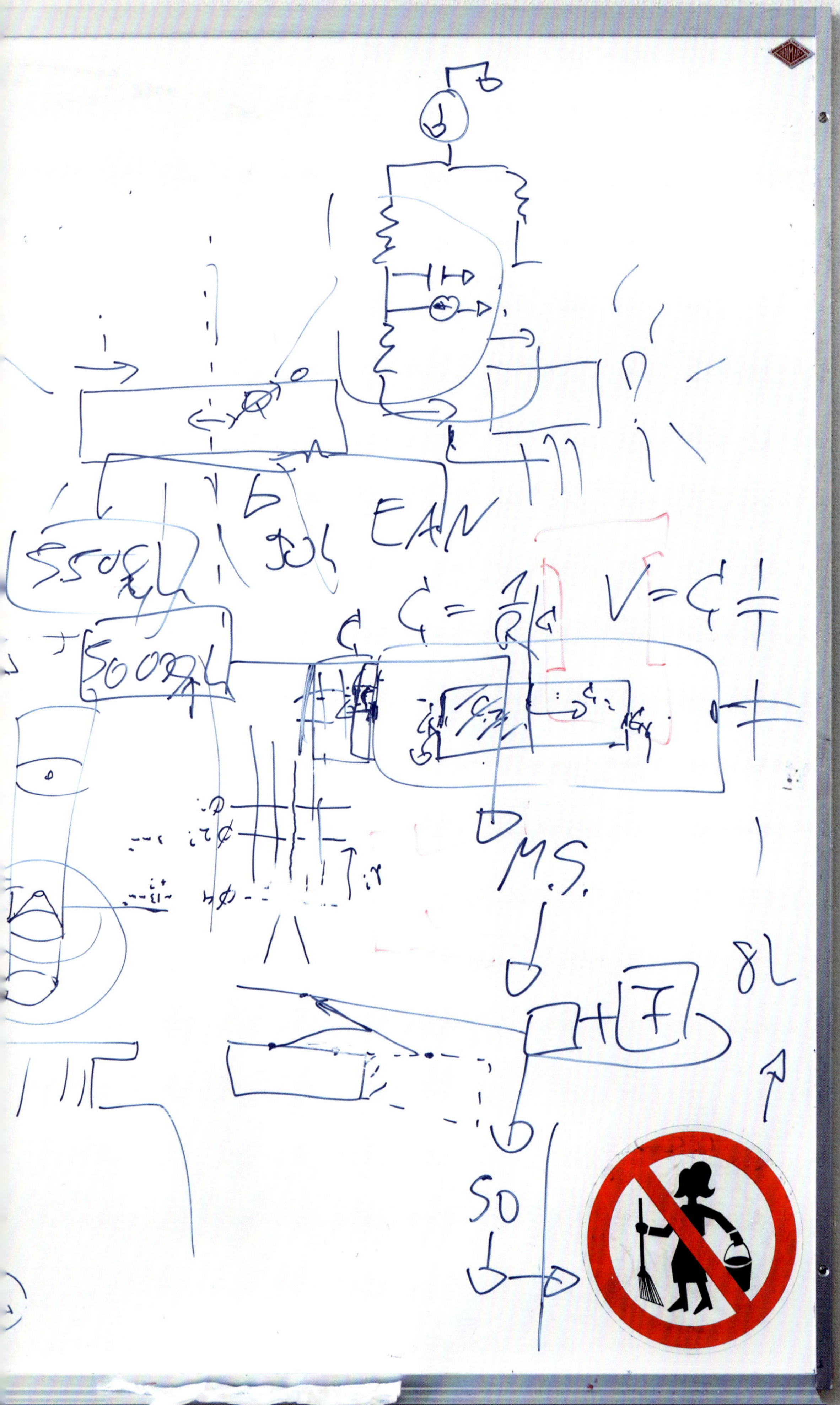
EAN
M.S.
8L
SO

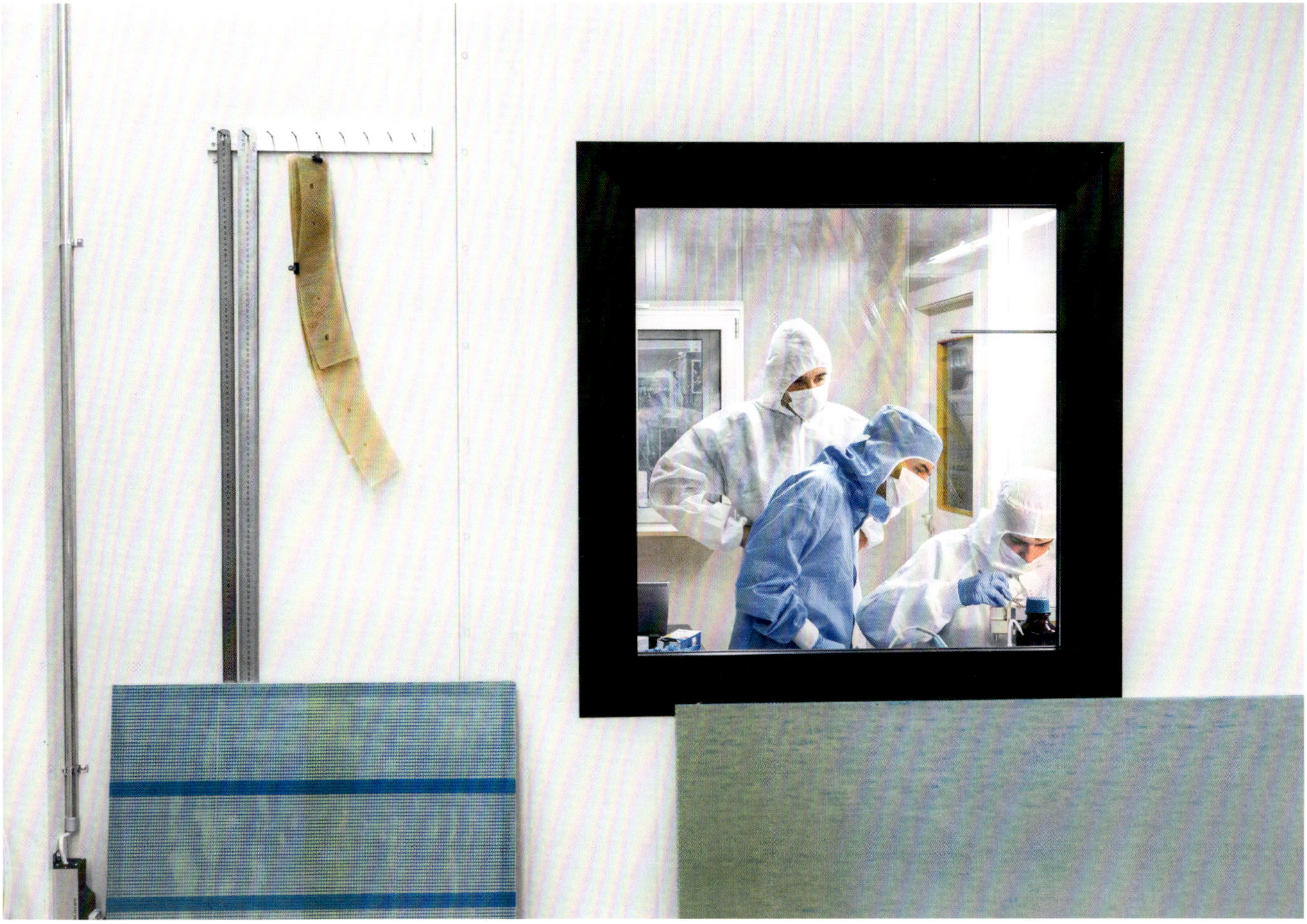

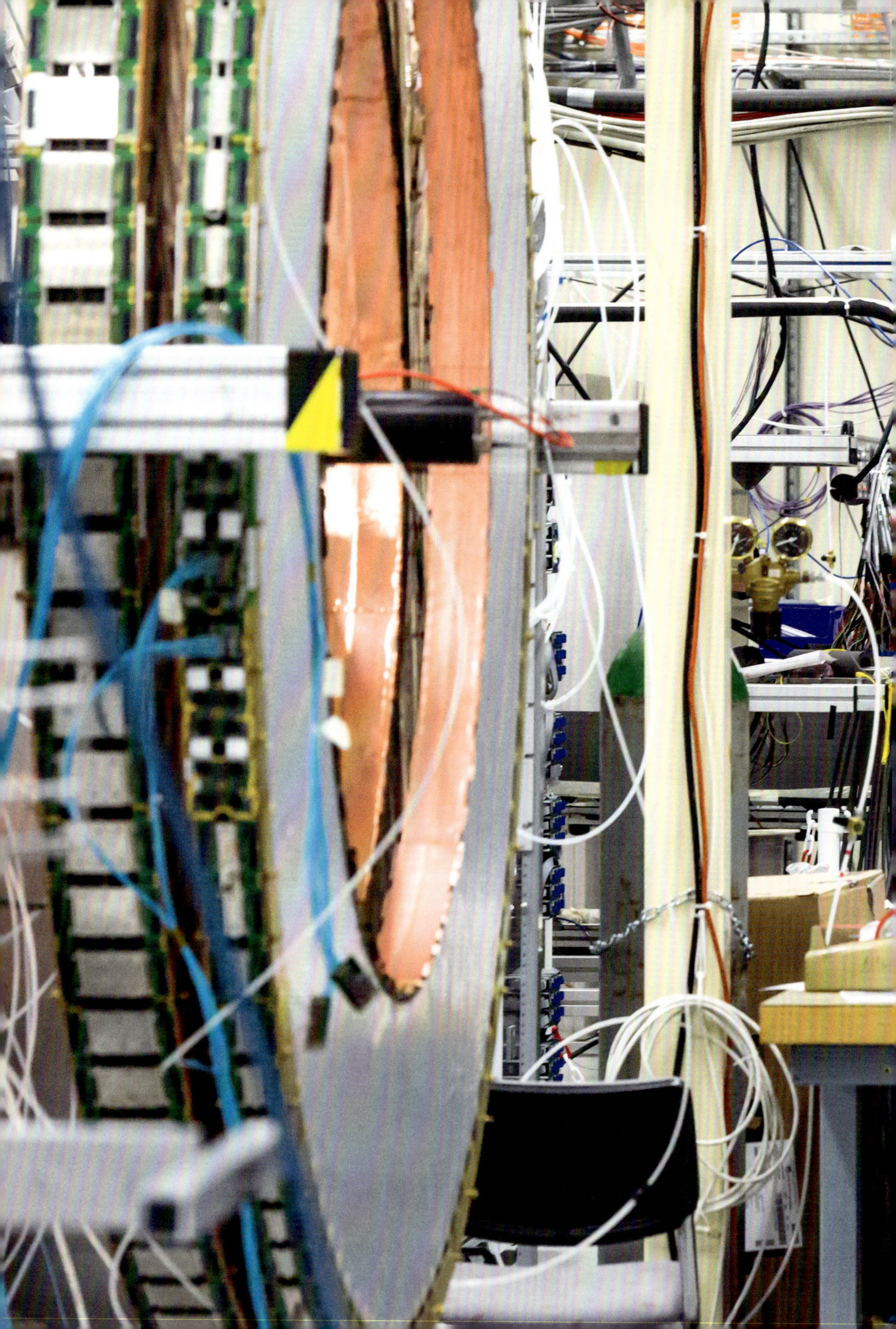

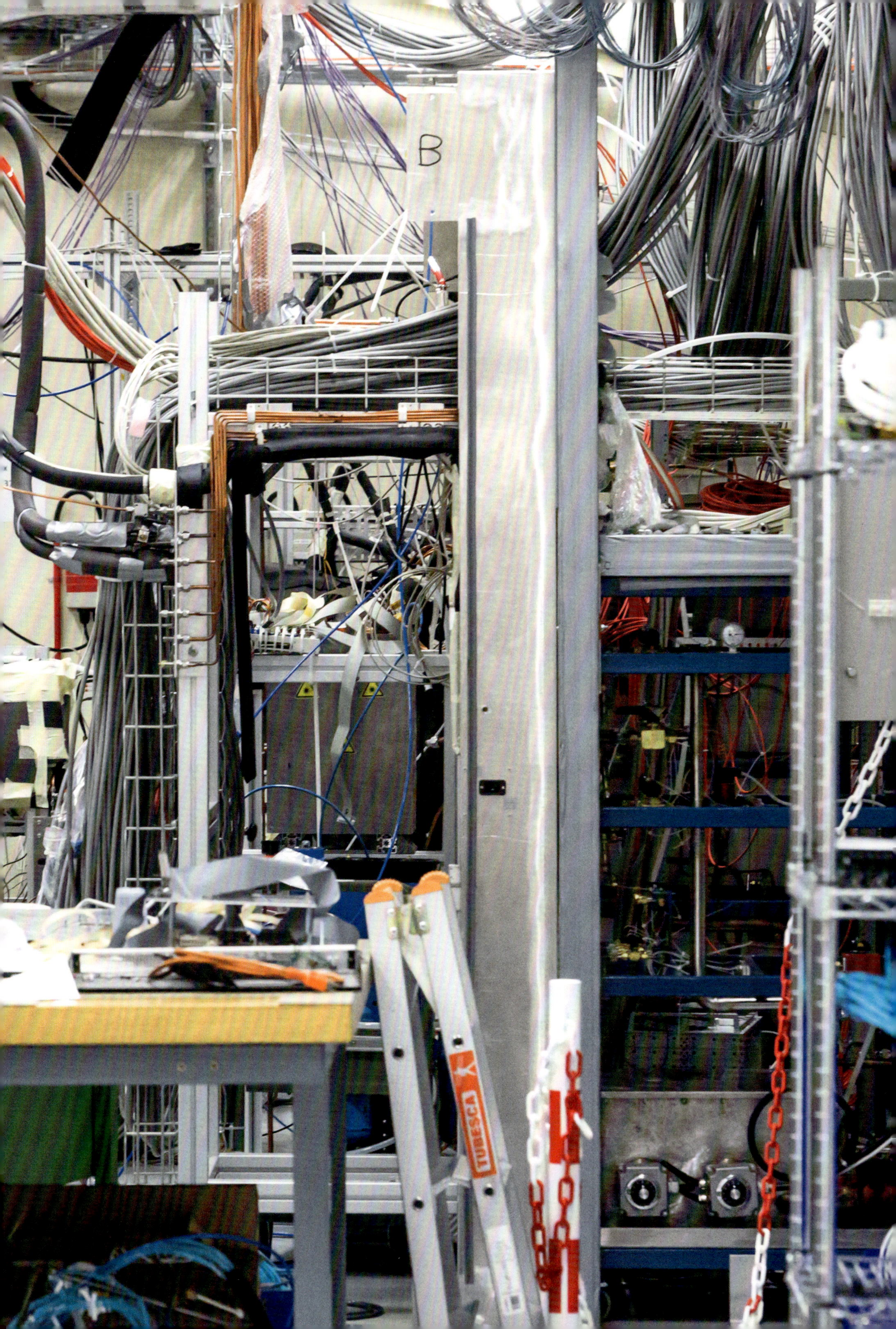
B
TUBESCA

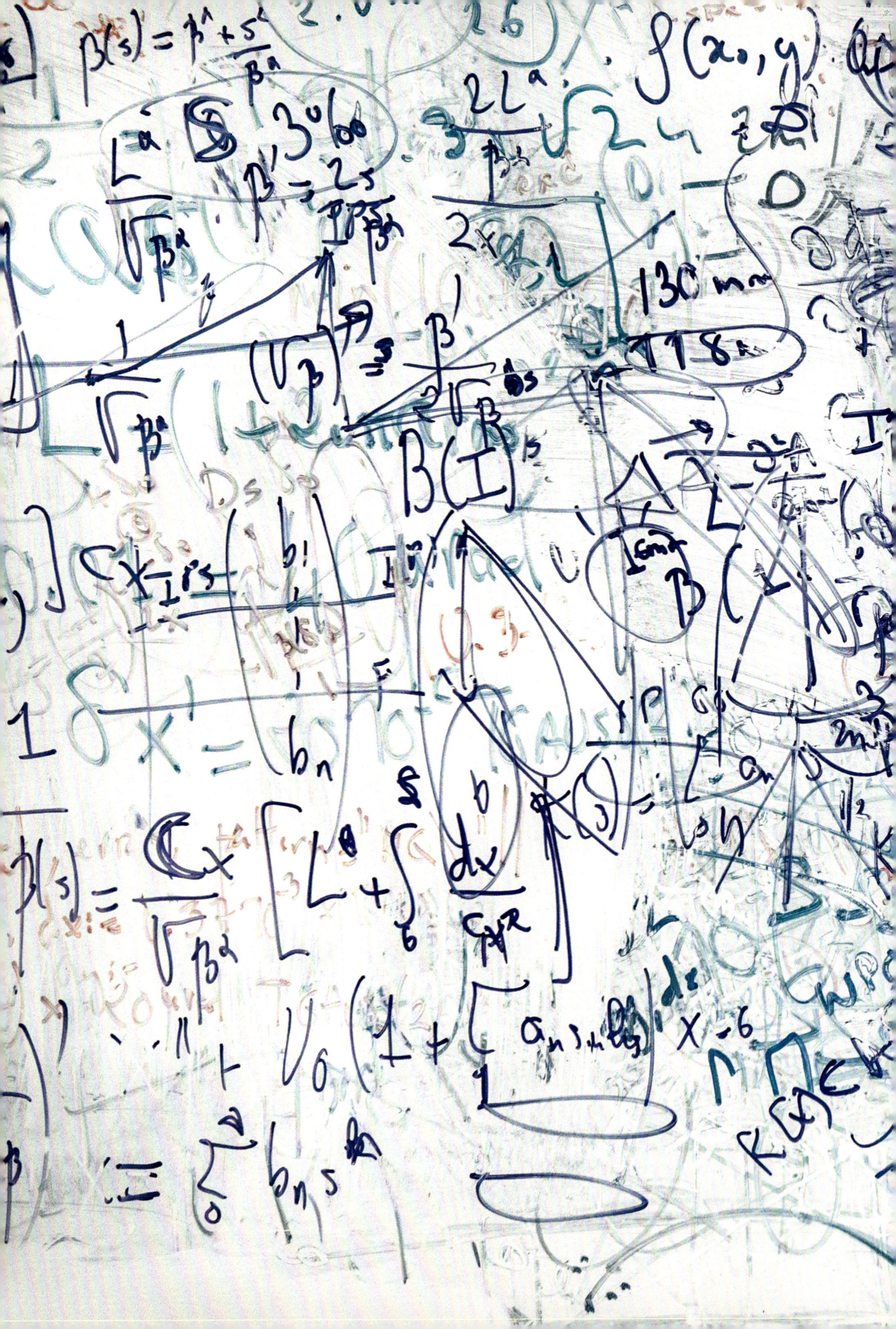

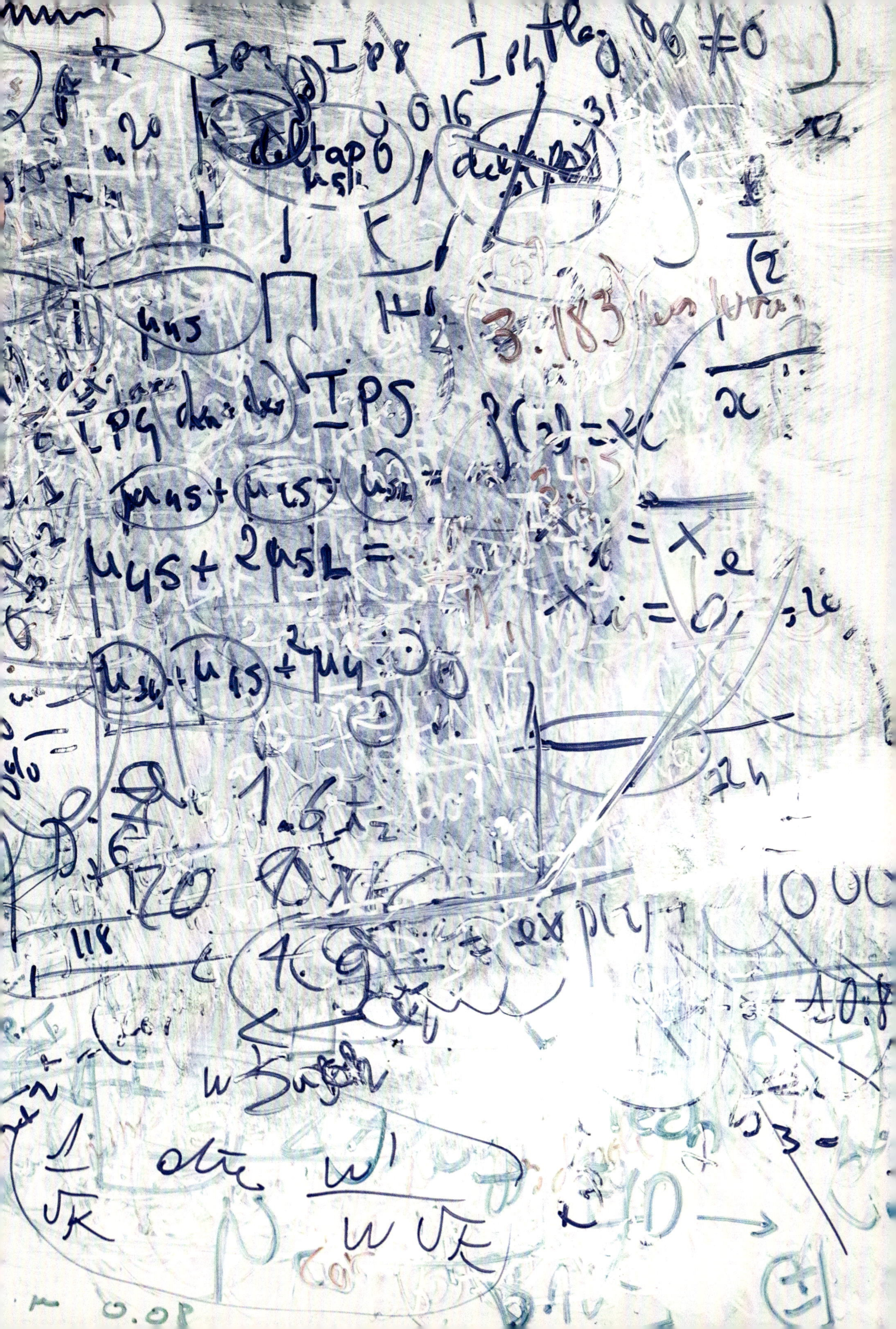

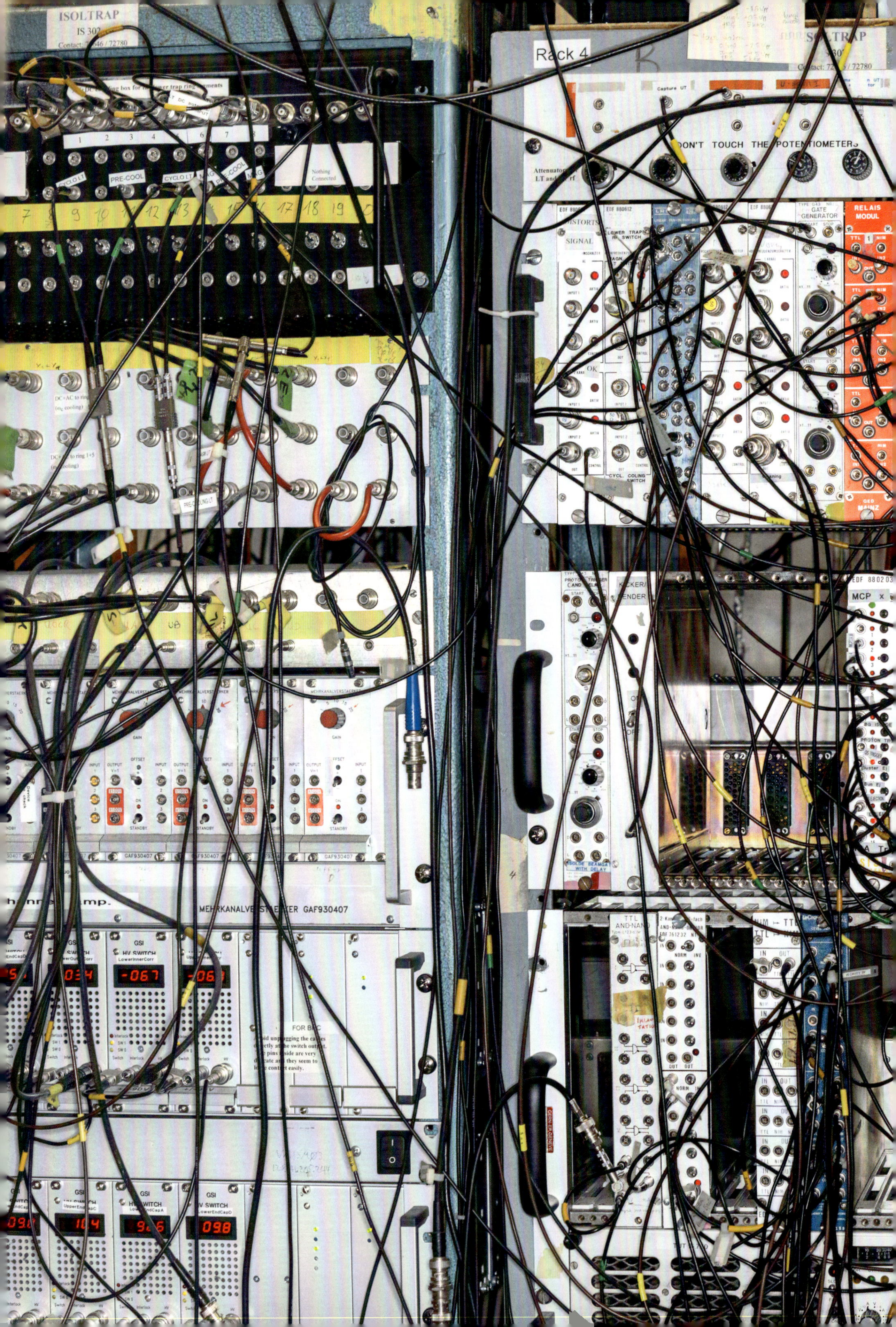
ISOLTRAP
Rack 4
DON'T TOUCH THE POTENTIOMETERS
RELAIS MODUL
GATE GENERATOR
PRE-COOL
KICKER/ BENDER
MCP
MEHRKANALVERSTAERKER GAF930407
GSI HV SWITCH
FOR BAC

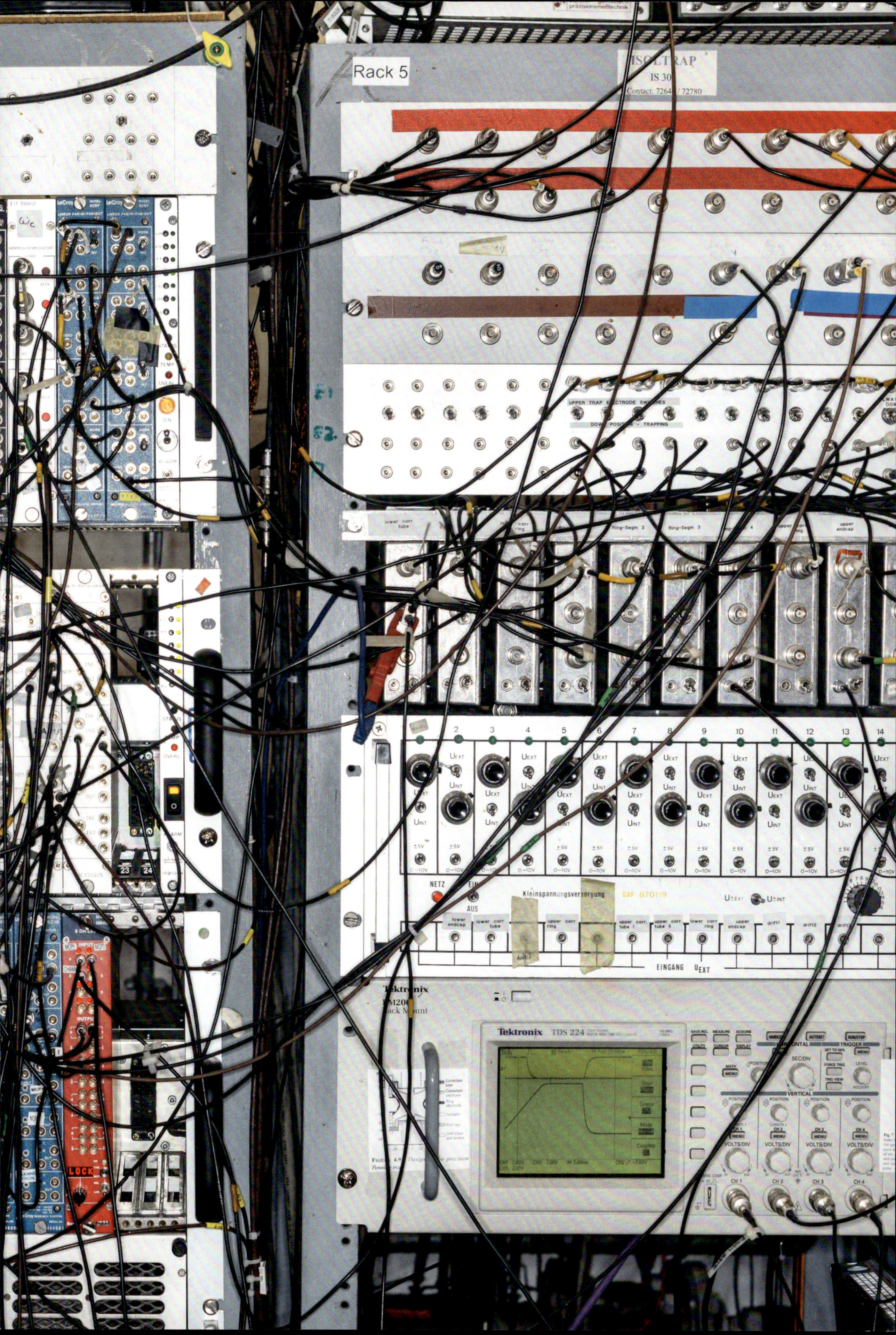
Rack 5
ISOLTRAP
Tektronix TDS 224
Kleinspannungsversorgung
NETZ
AUS
EINGANG
VERTICAL
CH 1
CH 2
CH 3
CH 4

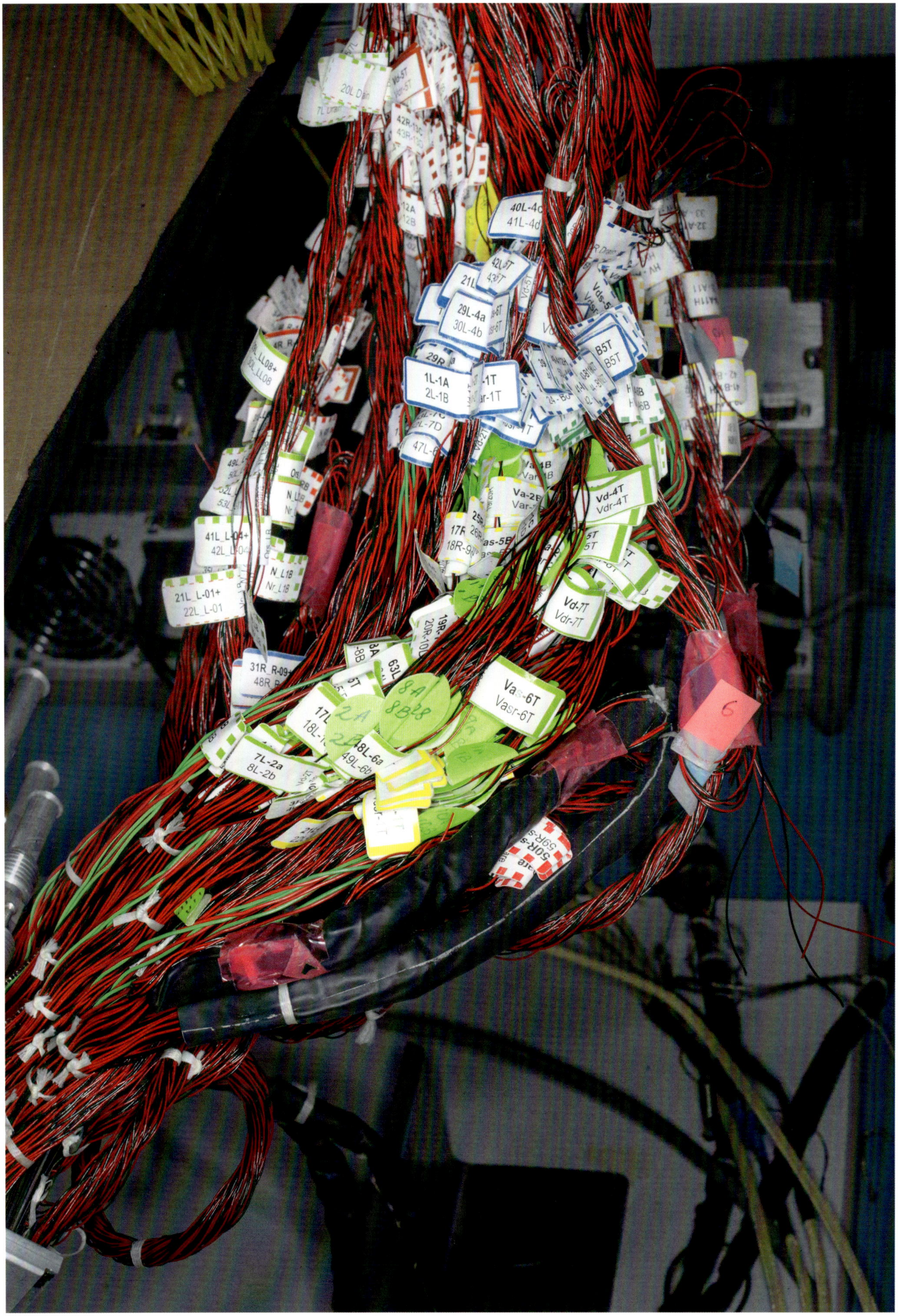
40L-4c
41L-4d
29L-4a
30L-4b
1L-1A
2L-1B
B5T
B5T
Vd-4T
Vdr-4T
Vd-7T
Vdr-7T
Vas-6T
Vasr-6T
21L_L-01+
22L_L-01
41L_L-04+
N_L1B
Nr_L1B
31R_R-09+
7L-2a
8L-2b
49L-6b
6

23m - 37 - 6 - 4

A
C

mekko
RADIOACTIV SOURCES

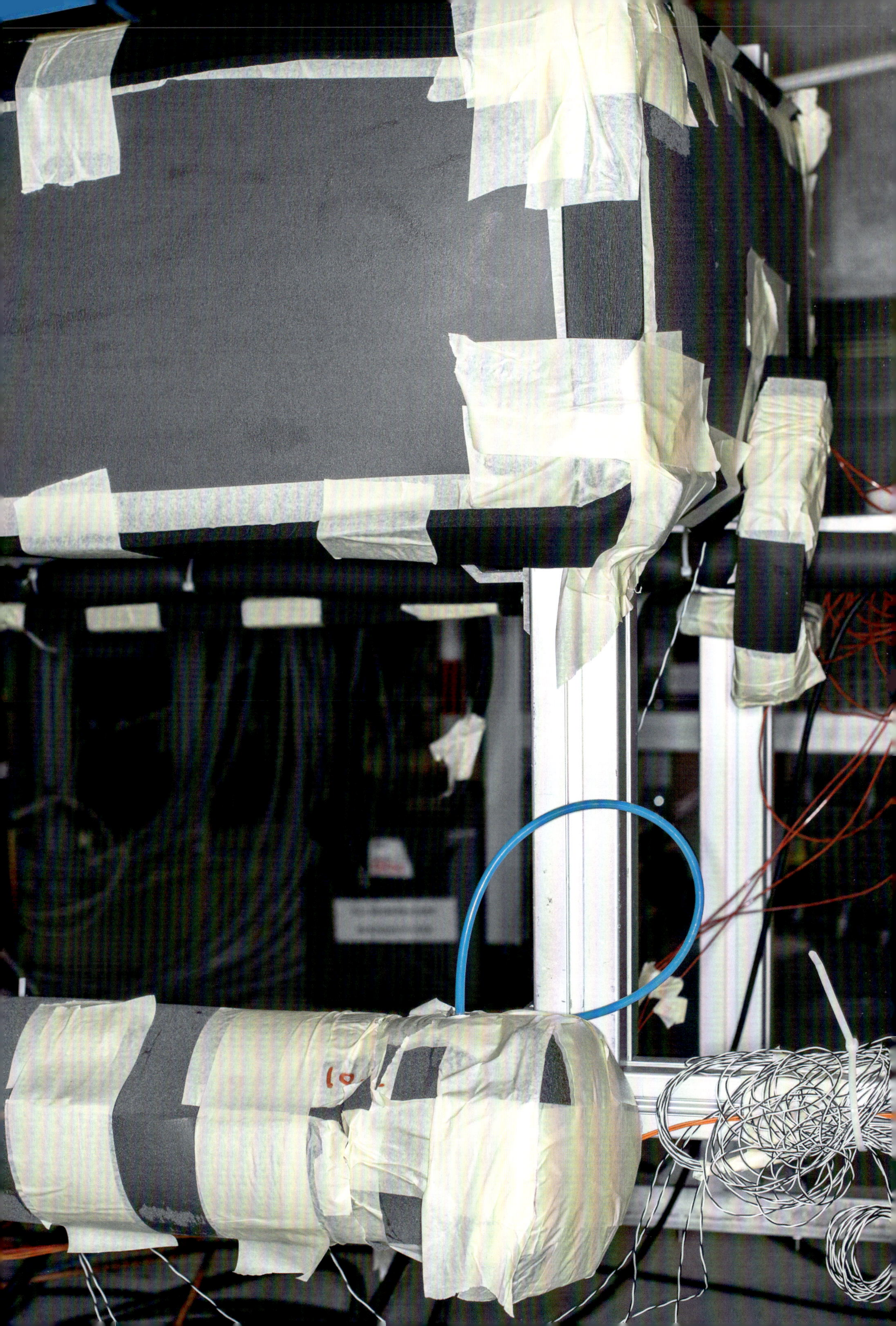

Choco Drink
Carrefour
MIGROS
M per il Meglio.
carrefour.fr
carrefour

Carrefour Discount
Jus d'orange
Sinaasappelsap
1,5L
candia
Biolait
Fruit d'Or
Budget

coop
Per me e per te.
carrefour.fr
4 Fruits Rouges
1,5L

MIGR
candia

provencia.fr

EMERGENCY
74444
URGENCE
3M
Cleaner Spray
Vim
Frische Kraft
PUTZPULVER
DO NOT OPEN
COLD WATER
WHILE XRAY ON
air master
PUSH

KEEP THIS
TABLE IN
ORDER !!!!

13
13
21

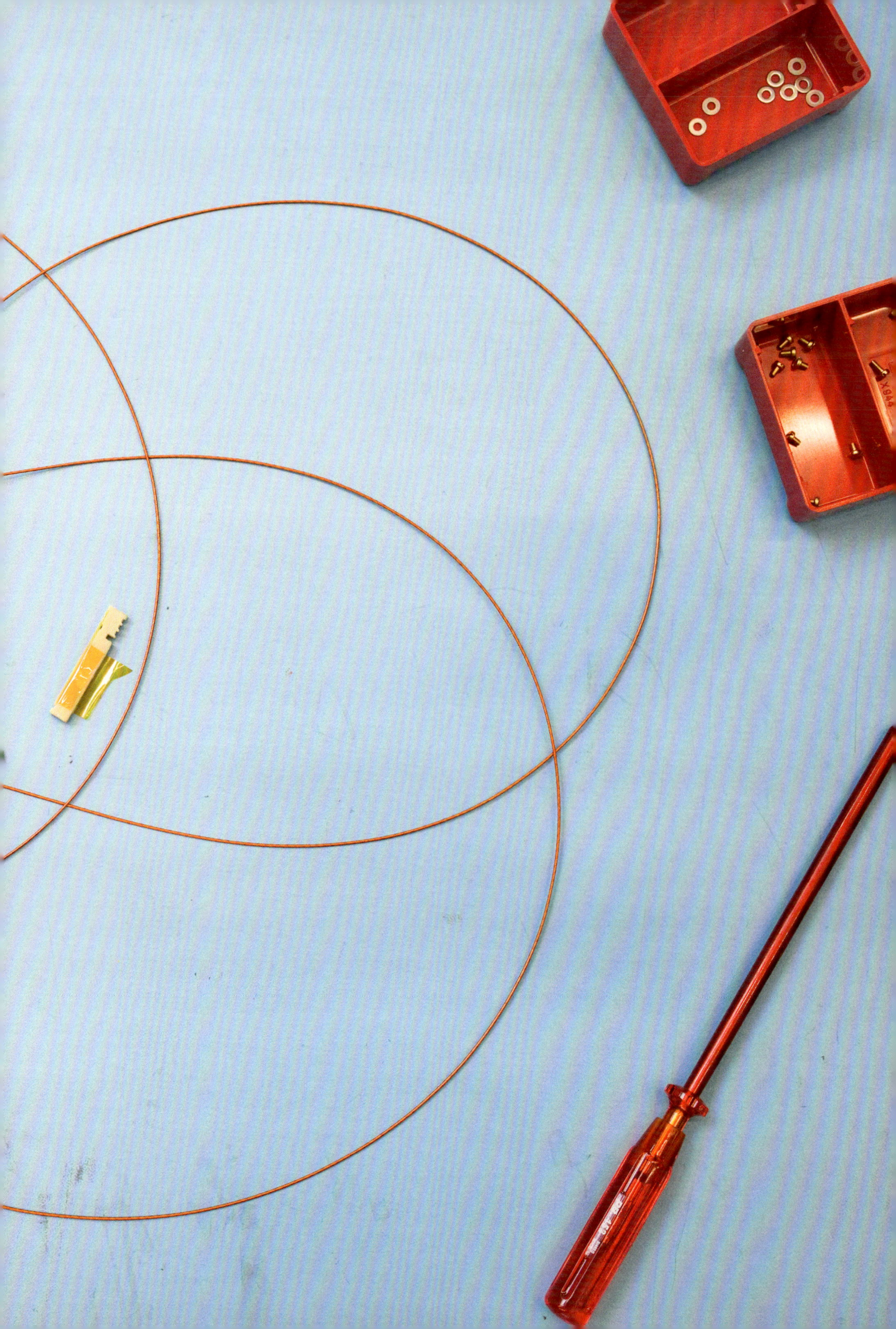

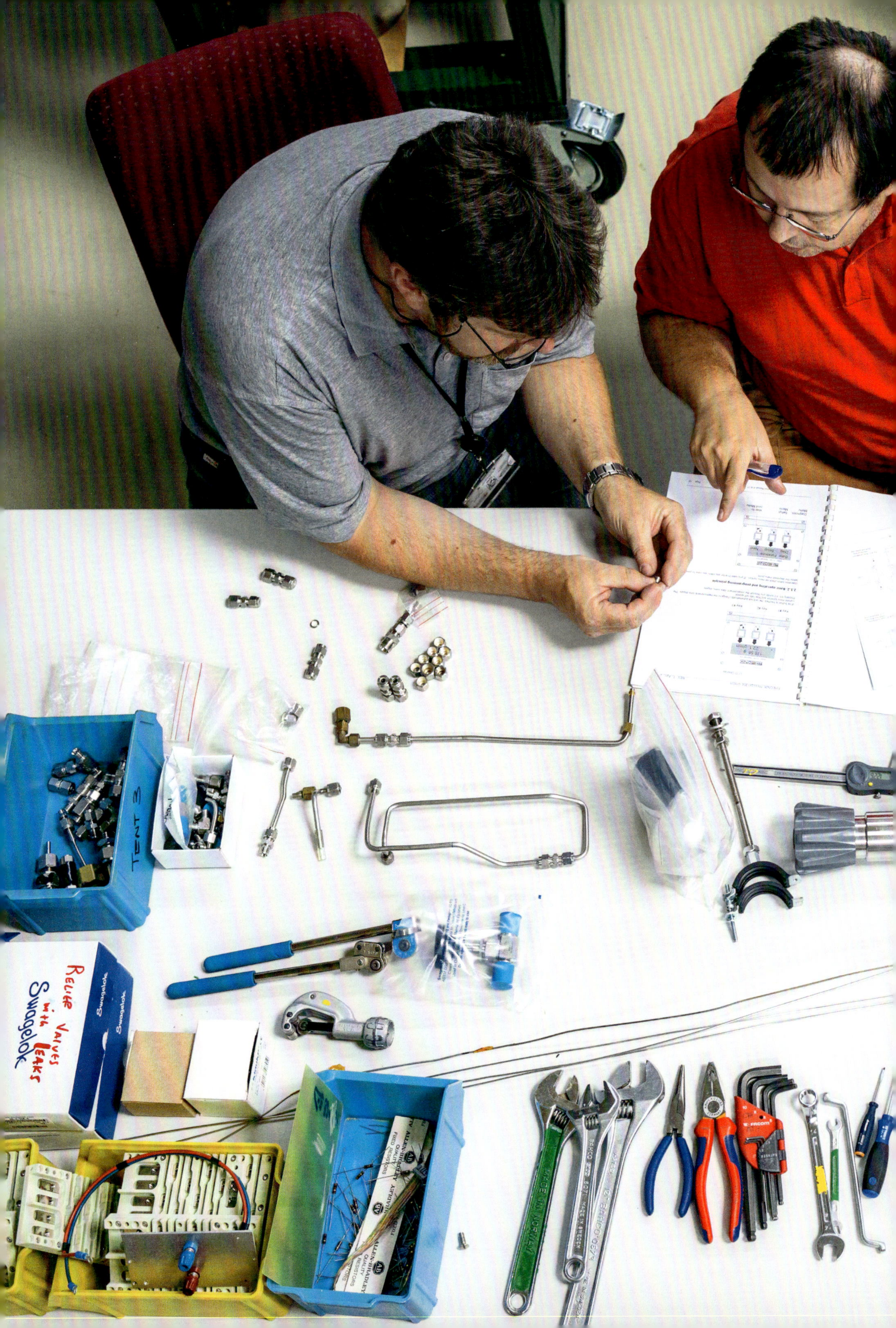
TENT 3
Relief Valves with leaks
Swagelok

Klauke
TEXTRON
Bedienungsanleitung
Instruction Manual
Mode d'emploi
Klauke
EK 15/50G
EK 35/4
EK 15/50

Mobil

LOCAL DE GAZ
FERME
SVP CONTACT
AVANT
CHARGEMENT
M. SAKKINEN
Tel. 163816
M. BAJOT
Tel. 165111
POINT GAZ
904-GO-92

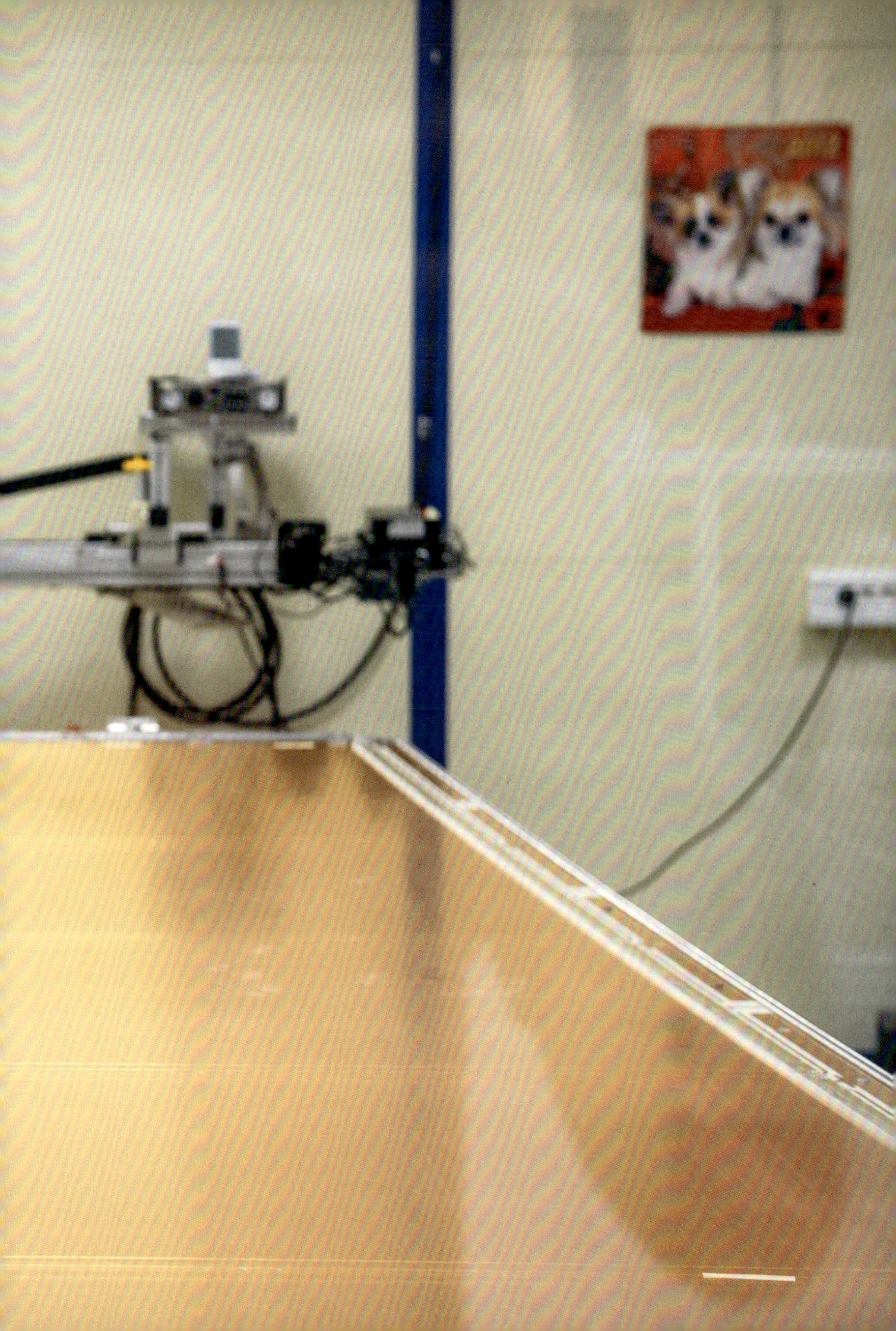

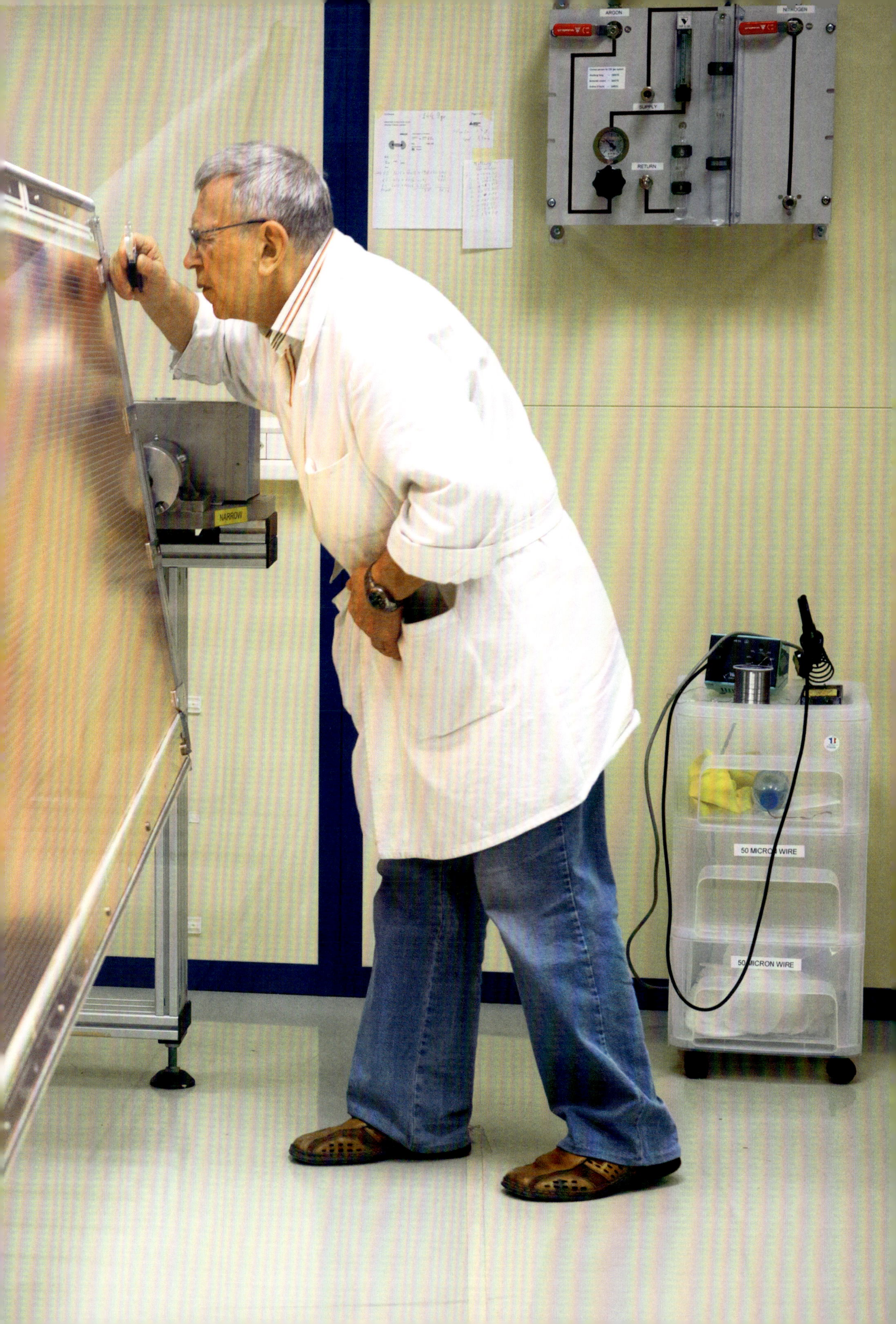
ARGON
NITROGEN
SUPPLY
RETURN
NARROW
50 MICRON WIRE
50 MICRON WIRE

LDT
cloud
IBM
TSI

UHEL PSM1
COMMAND
FLOW
SERIAL

ATTENTION
TENSION
DANGER

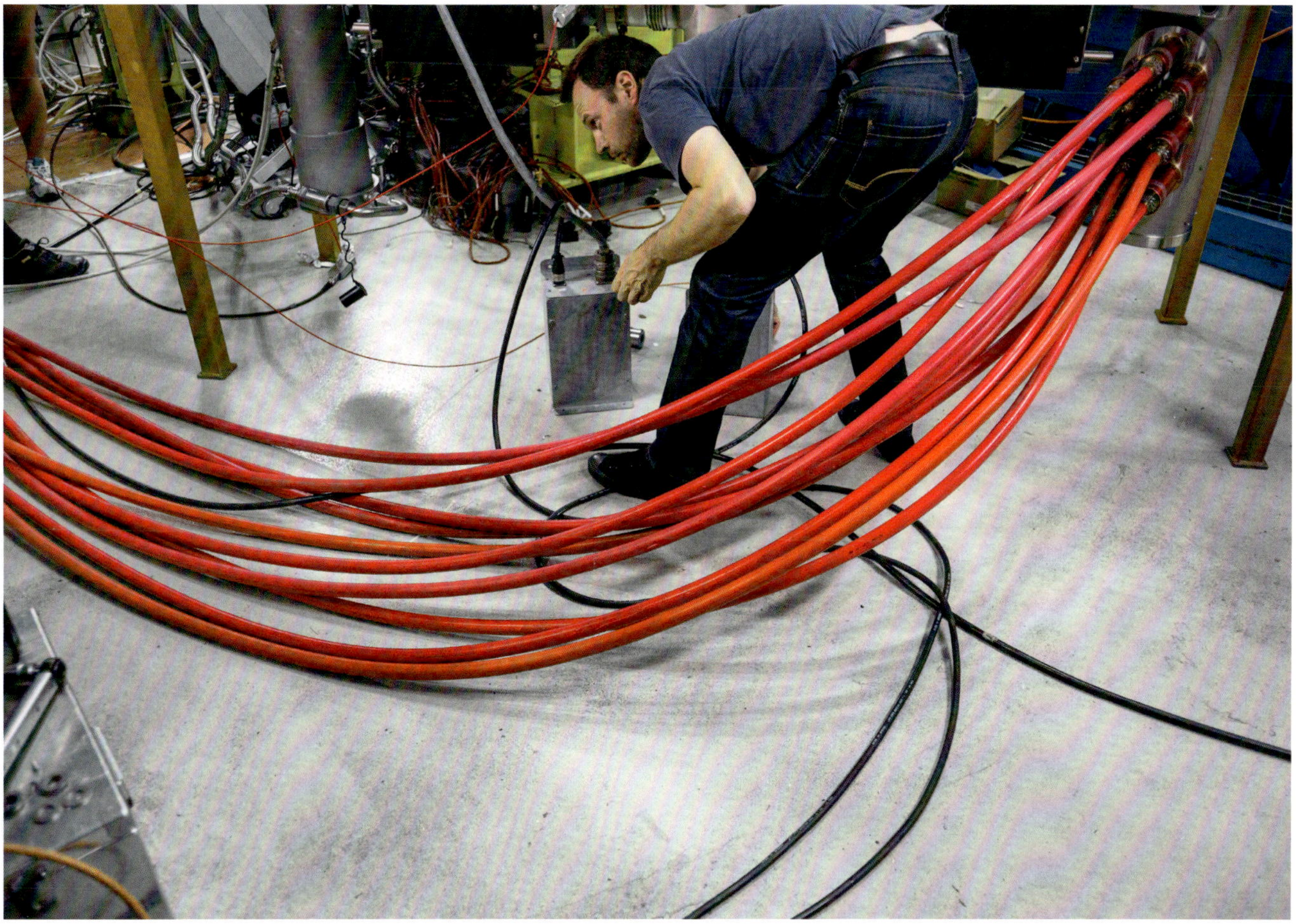

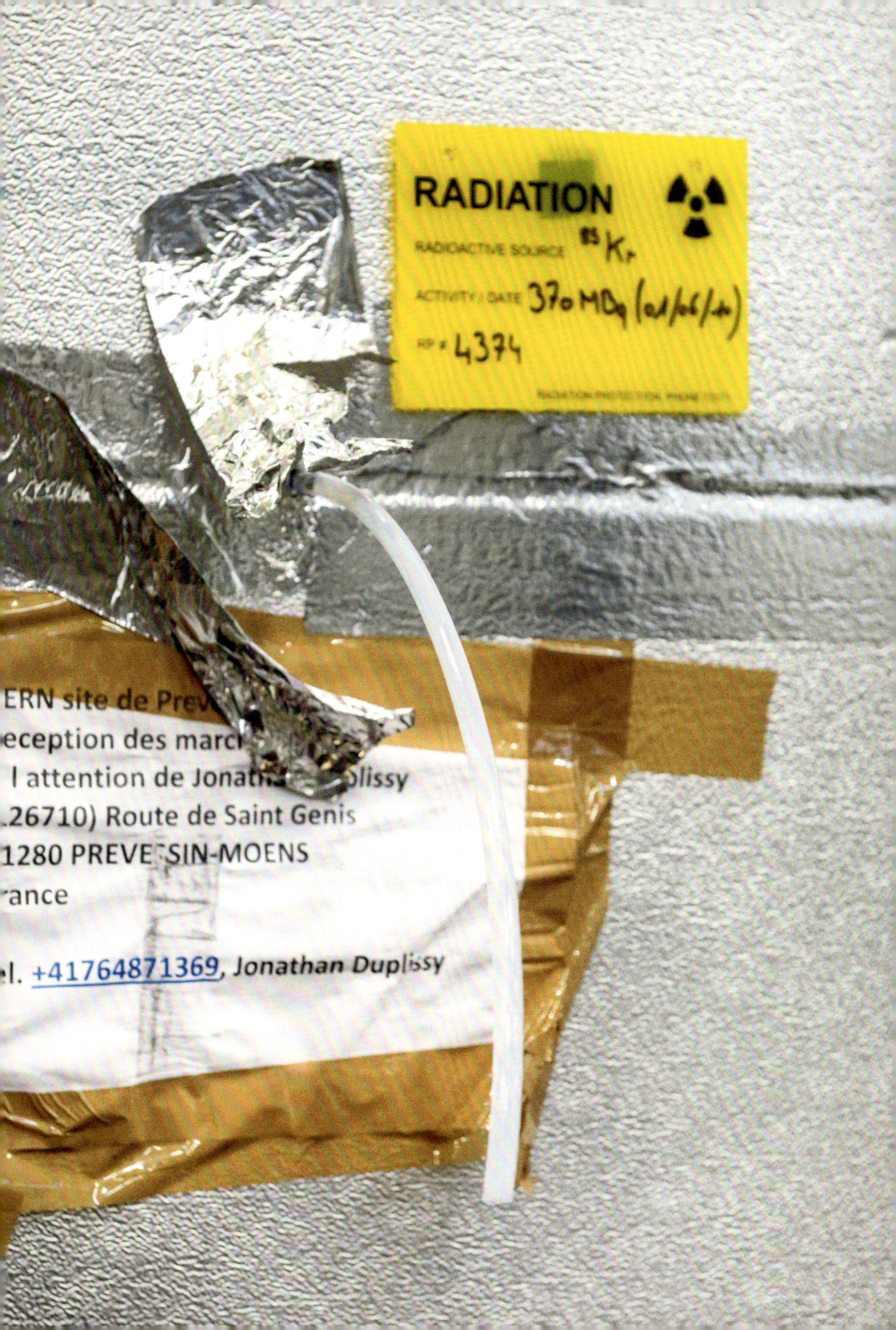
RADIATION
RADIOACTIVE SOURCE
ACTIVITY / DATE
370 MBq
RP #
4374
ERN site de Prev
eception des marc
l attention de Jonat
26710) Route de Saint Genis
1280 PREVESSIN-MOENS
rance
el. +41764871369, Jonathan Duplissy

GENERAL
ERGENCY SWITC
Exit button
PUSH TO EXIT
EDA-01512

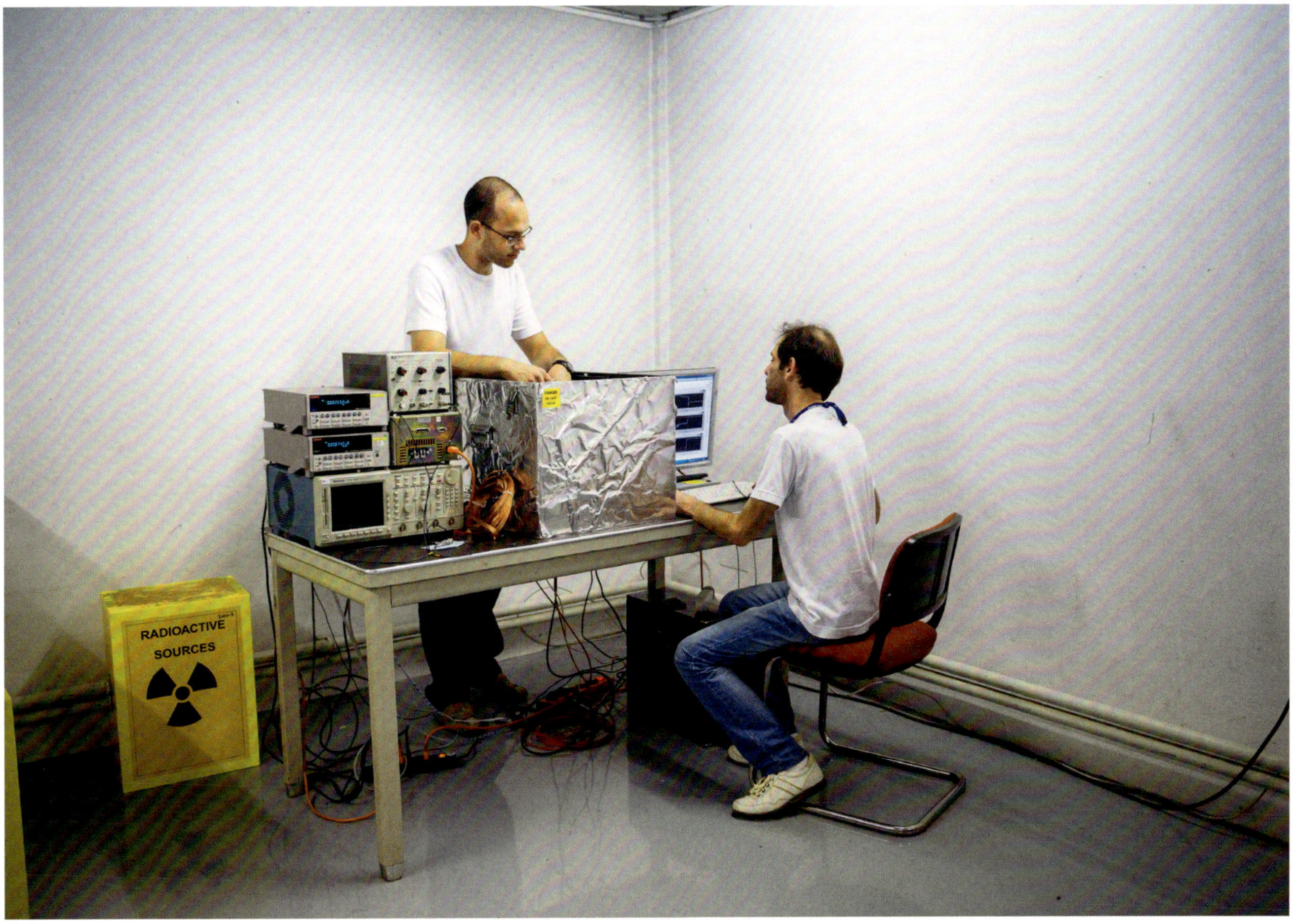
RADIOACTIVE
SOURCES

WÜRTH ELEKTRONIK
emc & inductive solutions

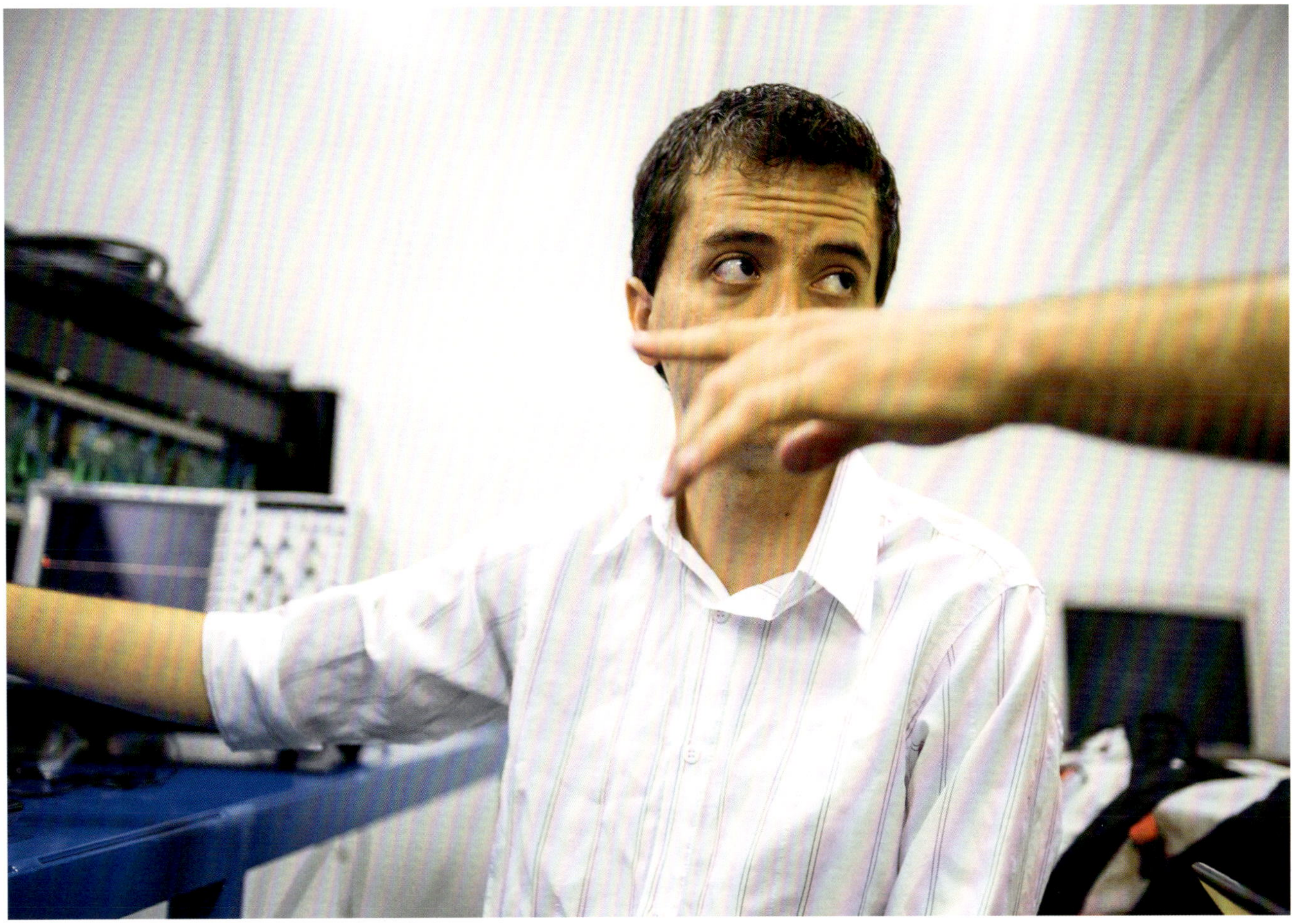

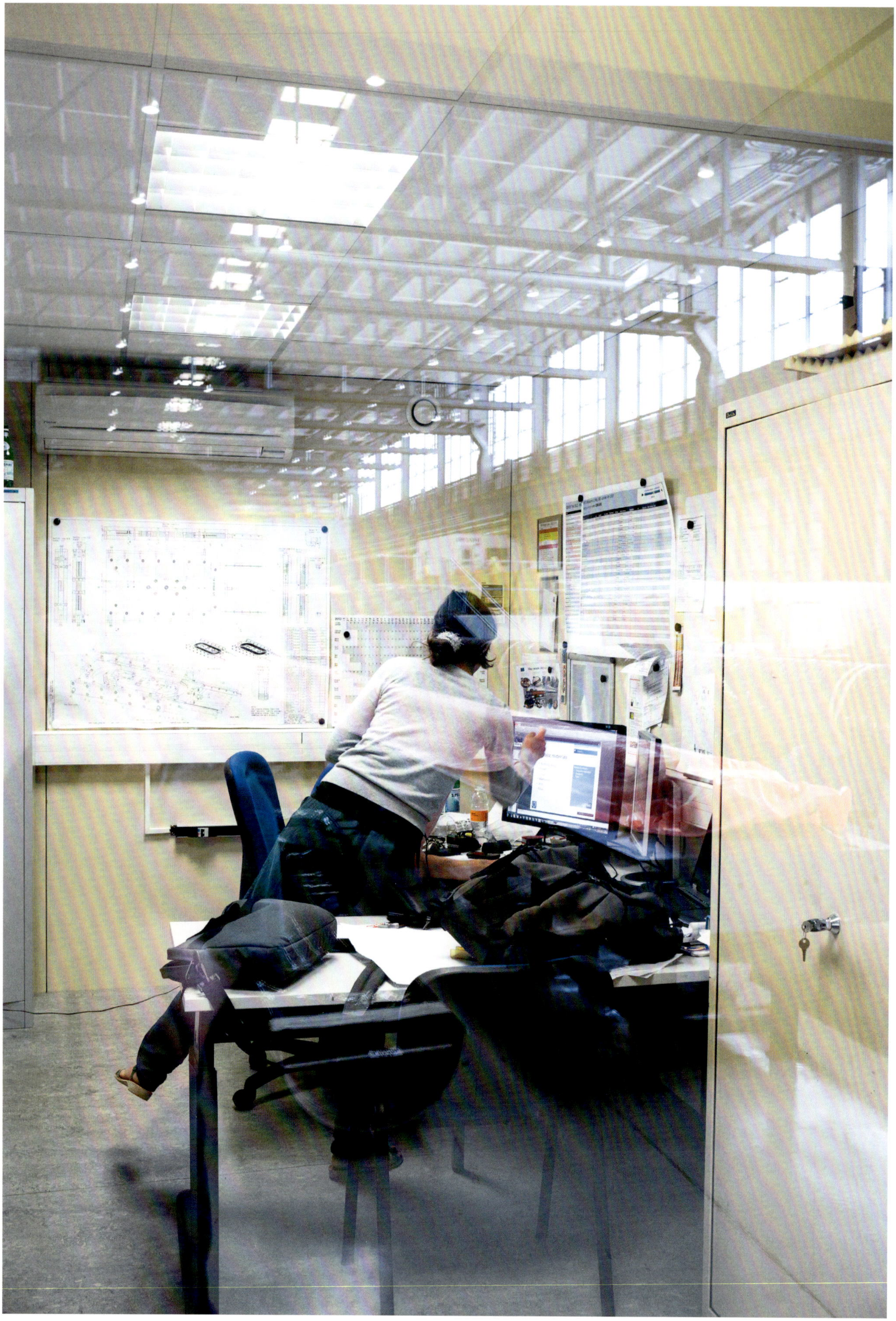

DIPOLE
1235

He Devil
EN CONCERT
Le Bal des ENRAGES
SYSTEM OF A DOWN
2013
THINK GREEN
LHC, accelerating science

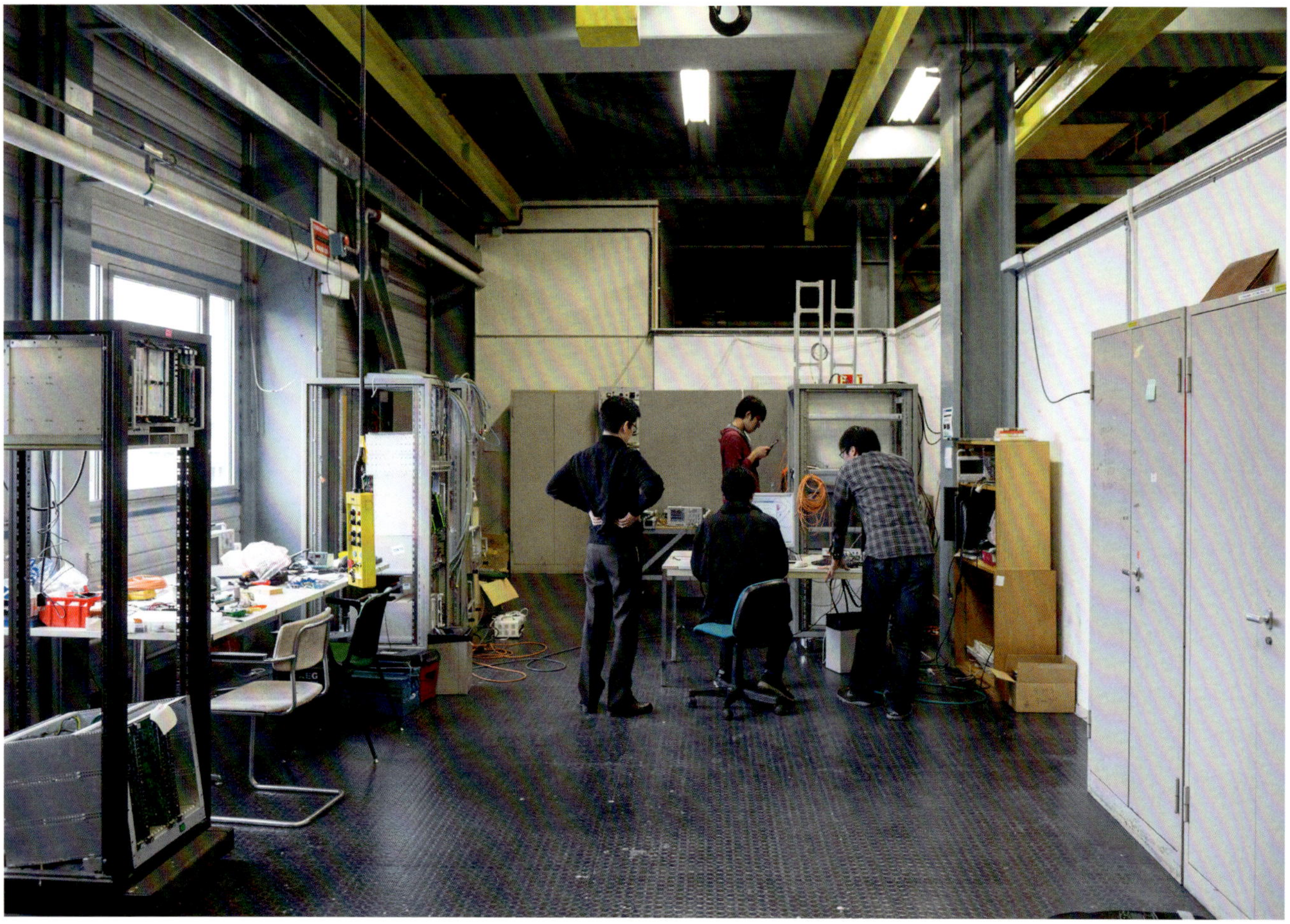

370 HNA
R 1978

PPE 156
BEAM HAZARD
EVACUATE AREA
DANGER FAISCEAU
EVACUEZ LA ZONE

FILAMENT

DANGER
LASER
LASER

CERN – Welt ohne Grenzen

Rolf Heuer

Wir schrieben das Jahr 1949. Ort: Lausanne, Schweiz. Es war eine Zeit vorsichtiger Hoffnungen für Europa, verkörpert durch den Föderalisten Denis de Rougemont, der die Kultur als vereinendes Band für das vom Krieg zerrissene Europa verstand. Auf der ersten Europäischen Kulturkonferenz, die de Rougemont Ende der 1940er-Jahre in Lausanne organisierte, wurde die Idee geboren, die zur Gründung des CERN führte.

Neben Rufen nach mehr internationaler Bewegungsfreiheit, besonders für Professoren und Studenten, nach kulturellem Austausch und gemeinsamen Formen des Kinos fand auch ein Vortrag des französischen Physik-Nobelpreisträgers Louis de Broglie statt, den sein Landsmann Raoul Dautry in Vertretung verlas. De Broglie forderte «die Schaffung eines Labors oder einer Institution, wo wissenschaftliche Arbeit stattfinden kann, die über die Möglichkeiten der einzelnen Teilnehmerstaaten hinausgeht. [Besser ausgestattet als nationale Einrichtungen könnte ein solches Labor] Projekte in Angriff nehmen, die aufgrund ihrer Grösse und Kosten einem einzigen Land allein unmöglich wären.»

Diese Idee wurde von einer kleinen Gruppe weitblickender Wissenschaftler und Funktionäre aufgenommen, unter denen sich ein anderer Nobelpreisträger befand, der US-amerikanische Physiker Isidor Rabi, Professor an der Columbia University in New York. Er legte auf der UNESCO-Generalversammlung 1950 in Florenz eine Resolution vor, die die Organisation aufrief, «zur Stärkung der internationalen wissenschaftlichen Zusammenarbeit die Gründung regionaler Forschungszentren zu fördern und zu unterstützen».
Die Wissenschaft wurde nicht nur als Weg zu neuen Entdeckungen, sondern auch als Weg zum Frieden angesehen.

Nach Rabis Aufruf und internen Debatten innerhalb der UNESCO wurde am 15. Februar 1952 der provisorische *Conseil Européen pour la Recherche Nucléaire* (CERN) ins Leben gerufen. Bis eine neue überstaatliche, durch eine Konvention geregelte Forschungsorganisation Wirklichkeit wurde, stand CERN unter der Schirmherrschaft der UNESCO.

Am Ende der Gründungsversammlung des provisorischen Conseil wurde ein Brief aufgesetzt, den Vertreter von elf europäischen Ländern unterschrieben. Adressat des Briefs war Isidor Rabi in New York. «Wir haben eben ein Abkommen unterzeichnet, das die Geburt des Kindes, das Sie in Florenz gezeugt haben, besiegelt», verkündete das Schreiben. «Mutter und Kind sind wohlauf und die Ärzte senden Ihnen herzliche Grüsse.»

Als Standort für dieses kühne wissenschaftliche Vorhaben Europas einigte man sich rasch auf Genf. Die Stadt lag auf neutralem Boden, war seit langem ein grosszügiger Gastgeber internationaler Organisationen und nahm geografisch eine zentrale Position innerhalb der elf Gründungsländer ein. Nach einer Abstimmung in Genf, die mit grosser Mehrheit angenommen wurde, wählte man ein Gelände ausserhalb der Gemeinde Meyrin, nahe der französischen Grenze. Während der Bauphase fanden Experimentalphysiker ein vorübergehendes Heim am physikalischen Institut der Universität Genf, die Theoretiker gingen ans Niels-Bohr-Institut in Kopenhagen, während sich die Verwaltung in der Villa Cointrin niederliess, die sich heute am Rand des Genfer Flughafens befindet.

Die Jahre 1952 und 1953 wurden mit einer höchst lohnenden Aufgabe zugebracht: dem Aufsetzen eines der prägnantesten und effizientesten Gründungsdokumente überhaupt, der CERN-Konvention. Der damals umrissene Auftrag der Organisation bleibt bis heute praktisch unverändert. CERN soll laut Konvention «die Zusammenarbeit zwischen europäischen Staaten in der Kernforschung sowie in direkt damit zusammenhängenden Forschungsbereichen auf rein wissenschaftlicher und grundlegender Ebene regeln». In dieser Passage sind zwei Hauptaufgaben ausgesprochen, die CERN sich stets zu Herzen genommen hat: internationale Zusammenarbeit und Grundlagenforschung. Die Organisation hat über die Jahre einen enormen Beitrag zum naturwissenschaftlichen Verständnis unserer Welt geleistet und aktiv die friedliche Zusammenarbeit zwischen Ländern und Kulturen gefördert. Die Konvention schliesst alle Formen militärischer Forschung aus. Die Resultate der wissenschaftlichen Arbeit müssen veröffentlicht oder öffentlich zugänglich gemacht werden. Hier klingen zwei weitere Hauptaufgaben an: Innovation und Bildung. Es ist kein Zufall, dass das World Wide Web als freier, offener Standard im CERN geboren wurde, und es ist ebenso wenig ein Zufall, dass das Bildungs- und Veranstaltungsprogramm der Organisation von der Grundschule bis zur Fachschule reicht.

Im Juli 1953 konnte die Konvention den zwölf Mitgliedstaaten (Grossbritannien war in der Zwischenzeit beigetreten) vorgelegt werden. Im folgenden Jahr ging sie durch die nationalen parlamentarischen Instanzen. Am 29. September 1954 wurde die Konvention von Belgien, der Bundesrepublik Deutschland, Dänemark, Frankreich, Griechenland, Grossbritannien, Italien, Jugoslawien, den Niederlanden, Norwegen, Schweden und der Schweiz ratifiziert. Die Unterzeichner setzten damit ein robustes Modell für die langfristige Durchführung von Grundlagenforschung in Kraft, das im Laufe der Jahre reichlich Früchte getragen hat. Der provisorische *Conseil* wurde aufgelöst. An seine Stelle trat die Europäische Organisation für Kernforschung, die das Akronym CERN beibehielt.

Heute, da das CERN seinem 60. Gründungsjubiläum entgegensieht, lohnt es sich, einen Blick zurück auf das zu werfen, was in der kurzen Zeitspanne zwischen 1949 und 1954 erreicht wurde. Die Visionäre, die CERN aus der Taufe hoben, konzipierten nicht weniger als eine völlige neue Art der wissenschaftlichen Zusammenarbeit, die bis heute vorbildlich für die grenzüberschreitende, langfristige Grundlagenforschung bleibt. Nicht genug damit, sie errichteten auch eine wichtige Plattform für die internationale Kooperation und setzten einen Motor der Innovation in Gang. Das CERN-Modell, das auf dem Konsens der Mitgliedstaaten basiert, erwies sich als stark genug, um Forschungsprojekte zu tragen, die weitaus länger dauern als die Amtszeiten der Politiker. So wurde beispielsweise der *Large Hadron Collider* (LHC) in den 1980er-Jahren geplant und vorbereitet, in den 1990er-Jahren genehmigt und 2008 in Betrieb genommen. Die voraussichtliche Laufzeit beträgt mehr als zwanzig Jahre.

Die CERN-Mitgliedschaft ist mit der Zeit auf zwanzig Staaten angewachsen. Dazu gibt es eine steigende Zahl von assoziierten Mitgliedern und Kooperationsvereinbarungen mit Ländern in aller Welt. CERN sucht aktiv den Kontakt zu Nichtmitgliedstaaten, wenn diese über eine grundlegende Infrastruktur verfügen, die positive Ergebnisse erwarten lässt. So stand CERN während des Kalten Kriegs mit Wissenschaftlern von jenseits des Eisernen Vorhangs in Verbindung und spielte eine Schlüsselrolle in der wissenschaftlichen Annäherung zwischen BRD und DDR. Heute arbeiten pakistanische Experten mit indischen Kollegen, Israelis mit Forschern aus arabischen Ländern. Was Innovation betrifft, ist das World Wide Web nur die Spitze des Eisbergs. Von CERN angeregte Technologien finden sich in vielen Lebensbereichen, von der Medizin bis zur Bildung, vom Ultrahochvakuum bis zur Informationstechnologie.

Das CERN-Modell hat in Europa viele Nachahmer gefunden. Gegenwärtig existieren acht überstaatliche Forschungsorganisationen in so unterschiedlichen Disziplinen wie

Molekularbiologie oder Astronomie. Alle sind von Weltrang.

Diese globale Dimension ist einer der Fäden, die in die Geschichte von CERN eingewoben sind. Mehr als 11000 Teilchenphysiker – ein Grossteil aller Teilchenphysiker der Welt! – benutzen für ihre Forschungen die einzigartigen und leistungsstarken CERN-Teilchenbeschleuniger. Das Paradestück, der LHC, ist nach jahrzehntelanger Planung und Konstruktion in Betrieb. Durch die im Juli 2012 veröffentlichte Entdeckung des Higgs-Teilchens in den beiden grössten Experimenten ATLAS und CMS hat er bereits Wissenschaftsgeschichte geschrieben. Physiker erwarten neue bahnbrechende Entdeckungen, wenn Teilchen im LHC ab 2015 auf noch höhere Energien beschleunigt werden.

Nur den hellsten und zugleich gemeinschaftlich denkenden Köpfen kann es gelingen, in mehreren Tausend Mitglieder starken Teams die am höchsten entwickelten Teilchenkameras der Welt, die sogenannten Detektoren, zu bauen und zu betreiben. Im LHC gibt es vier grosse Detektoren: ALICE, ATLAS, CMS und LHCb. Jeder kann auf seine Art als Superlativ gelten. Der grösste, ATLAS, ist 46 Meter lang und 25 Meter hoch, aber sogar noch der Kleinste, LHCb, kommt auf 21 Meter Länge und 10 Meter Höhe. Der schwerste, CMS, wiegt 12500 Tonnen.

Der wahre Superlativ liegt jedoch nicht in den Abmessungen, sondern in der Technologie, die in den konzentrischen Schichten der gigantischen Detektoren verborgen liegt. Sie soll sicherstellen, dass die Resultate aller Protonen-Kollisionen im LHC mit grösstmöglicher Präzision protokolliert werden. Jede Schicht erfüllt eine andere Aufgabe: Aufzeichnung der Teilchenbahn, Ortsbestimmung eines Teilchenzerfalls, Messung von Impuls, Energie und Ladung. Die Physiker erhalten dadurch alle nötigen Daten, um das Ergebnis einer Kollision zu analysieren. Die Detektoren, die von Instituten und Unternehmen in aller Welt entworfen und konstruiert und von internationalen Wissenschaftlerteams geprüft und betrieben werden, sind mit der neuesten Detektions- und Auslesetechnik ausgestattet, die mit ultraschnellen Reaktionszeiten hunderte Millionen von Kollisionen pro Sekunde verarbeiten kann. Alle Komponenten harmonieren so perfekt, dass die Suche nach dem Higgs-Teilchen schneller vorüber war, als irgendjemand erwartet hätte.

Die Entdeckung des Higgs-Teilchens beantwortet eine Frage, die Physiker seit Jahrzehnten beschäftigte: Warum haben Teilchen Masse? Diese Frage ist nicht ganz unwichtig, denn ohne Masse könnten Teilchen keine komplexen Objekte wie Atome, Bücher oder Menschen bilden. In den frühen 1960er-Jahren postulierten mehrere Wissenschaftler die Existenz eines Felds, das sich über das gesamte Universum erstreckt. Durch die Wechselwirkung mit diesem Feld erlangen die Teilchen Masse: ein Teilchen mit starker Wechselwirkung verfügt über eine hohe, ein Teilchen mit schwacher Wechselwirkung über eine niedrige Masse. Mit diesem Feld steht ein Teilchen in Verbindung, das den Namen eines dieser Wissenschaftler trägt, den des britischen Physikers Peter Higgs.

Die These eines allgegenwärtigen Felds wurde zum festen Bestandteil jener höchst erfolgreichen Theorie – des Standardmodells der Elementarteilchenphysik. Es beschreibt die Elementarteilchen, aus denen alles, was im sichtbaren Universum existiert, zusammengesetzt ist, sowie deren Wechselwirkungen. Gegen Ende des 20. Jahrhunderts fehlte nur noch das Higgs-Teilchen als letzter Bestandteil des Standardmodells, das noch nicht experimentell nachgewiesen war.

Das Higgs-Teilchen ist gefunden, aber damit fängt die Geschichte eigentlich erst an. Physiker haben begonnen, es genauer auf seine Eigenschaften hin zu untersuchen. Zudem warten noch viele weitere elementare Fragen darauf, dass sich die moderne Teilchenphysik ihrer annimmt. Das Standardmodell konnte zahlreiche Versuchsergebnisse erklären und eine Reihe von Phänomenen vorhersagen. Daher gilt es heute als fundierte und anerkannte Theorie. Doch die von ihm beschriebene sichtbare Materie macht nur 5 Prozent des bekannten Universums aus. Wie die Beobachtung kosmischer Vorgänge bei höchsten Energien zeigt, bleibt im Hinblick auf die dunkle Materie und die dunkle Energie, die 95 Prozent des Universums ausmachen, noch vieles unerklärt. Beide konnten bisher nicht nachgewiesen werden. Die Rätsel gehen weiter: Warum ist die Schwerkraft so schwach? Warum dominiert in unserem Universum die Materie im Vergleich zur Antimaterie? Wie konnte die Materie aus einer Ursuppe jene Teilchenstruktur erlangen, aus der wir bestehen? Gibt es weitere Raumdimensionen, die dem Auge verborgen sind? Dies sind nur einige der Fragen, die die heutige Physik beschäftigen.

Der Passus der Konvention, der besagt, dass CERN als Labor für Grundlagenforschung dienen soll, bleibt heute genauso richtungsweisend wie in den 1950er-Jahren. Teilchenphysiker betreiben Grundlagenforschung, weil sie mehr über unsere Welt erfahren wollen. Woraus besteht sie, welchen Gesetzen gehorcht sie, wie ist sie entstanden? Darüber hinaus haben wissensdurstige Leute oft gute Einfälle, die über die Welt der Grundlagenforschung hinausgehen.

Viele nützliche Erfindungen sind von CERN in unseren Alltag gelangt. Das World Wide Web ist nur das offensichtlichste Beispiel, und niemand wird bestreiten, dass es unser Leben grundlegend verändert hat. Andere Anwendungen sind vielleicht weniger bekannt, aber Menschen in aller Welt profitieren von ihnen. Etwa in der Medizin, wo wichtige Diagnose- und Therapiegeräte entweder Grundprinzipen der Physik anwenden oder aus Instrumenten der physikalischen Forschung entwickelt wurden. Man nehme nur die Positronen-

Emissions-Tomografie (PET), die auf Erfahrungen in der Teilchendetektion beruht.

Der Haupteffekt der Teilchenphysik auf unser tägliches Leben liegt indessen nicht im technologischen Bereich. Er wird vermittelt durch die Menschen, die in diesem Forschungsfeld arbeiten und gearbeitet haben. Hunderte Studenten und junge Forscher am Anfang ihrer wissenschaftlichen Laufbahn kommen Jahr für Jahr an das CERN, um an aufregenden Grossforschungsprojekten mitzuwirken und von den Besten des Fachs zu lernen – nicht nur von Physikern, sondern von Technikern aller Sparten. Nur die wenigsten Nachwuchswissenschaftler bleiben in der Grundlagenforschung. Die meisten wenden sich anderen beruflichen Möglichkeiten in Industrie, Privatwirtschaft, Finanzwesen oder Bildung zu. Sie profitieren dort von ihren Erfahrungen und Fähigkeiten aus der CERN-Zeit. Die Suche nach Antworten auf fundamentale Fragen in grossen interkulturellen Gruppen und die Lösung schwieriger Probleme durch die Anwendung von Hochtechnologie bereitet sie optimal auf die Aufgaben und Herausforderungen der wettbewerbsintensiven Marktwirtschaft vor.

CERN steht nicht still. Die Organisation wird sich weiterentwickeln und die Grenzen des Wissens, der Technik und der kooperativen Grundlagenforschung im globalen Massstab erweitern. CERN kennt keine nationalen oder kulturellen Grenzen. Menschen kommen zusammen, verständigen sich in der universalen Sprache der Wissenschaft und verfolgen gemeinsame Ziele. Werfen wir also einen Blick zurück auf das bisher Erreichte, bewundern wir die Superlative der Gegenwart und freuen wir uns auf die Erkenntnisse, die uns der LHC auf seinen weiteren Entdeckungsreisen eröffnen wird.

Der Autor dankt Barbara Warmbein und James Gillies für ihre Beiträge zu diesem Artikel.

Rolf Heuer, geboren 1948 in Boll, Deutschland, ist Teilchenphysiker, Professor an der Universität Hamburg und seit 2009 Generaldirektor des CERN. Er ist Mitglied der Akademie der Wissenschaften Leopoldina sowie der Polnischen Akademie der Künste und Wissenschaften. Träger der Ehrendoktorwürde von Universitäten in Europa, Asien, Australien und Kanada.

PERFA

DANGER
RADIATION
MBXW21 :
135 µSv/h au contact
11,5 µSv/h à 40 cm

EMERGENCY STOP

Auberge des Chasseurs

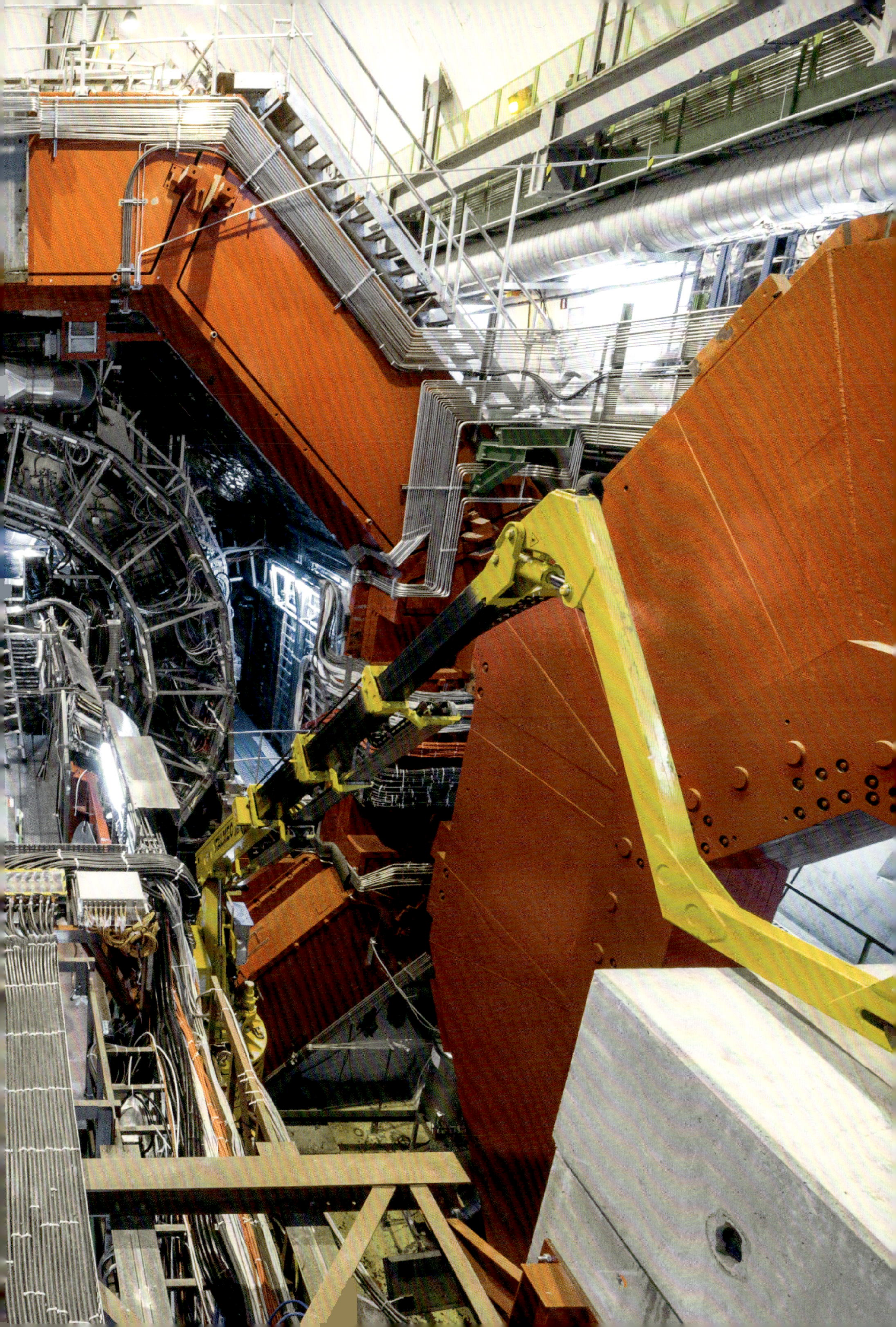

CERN ALICE
CERN ALICE
CERN ALICE
CERN ALICE
CERN ALICE

Sign out of CERN Applications

PROTON PHYSICS: INJECTION PROBE BEAM
184 MW

QRLDC.7R1/CV950
PRAHA

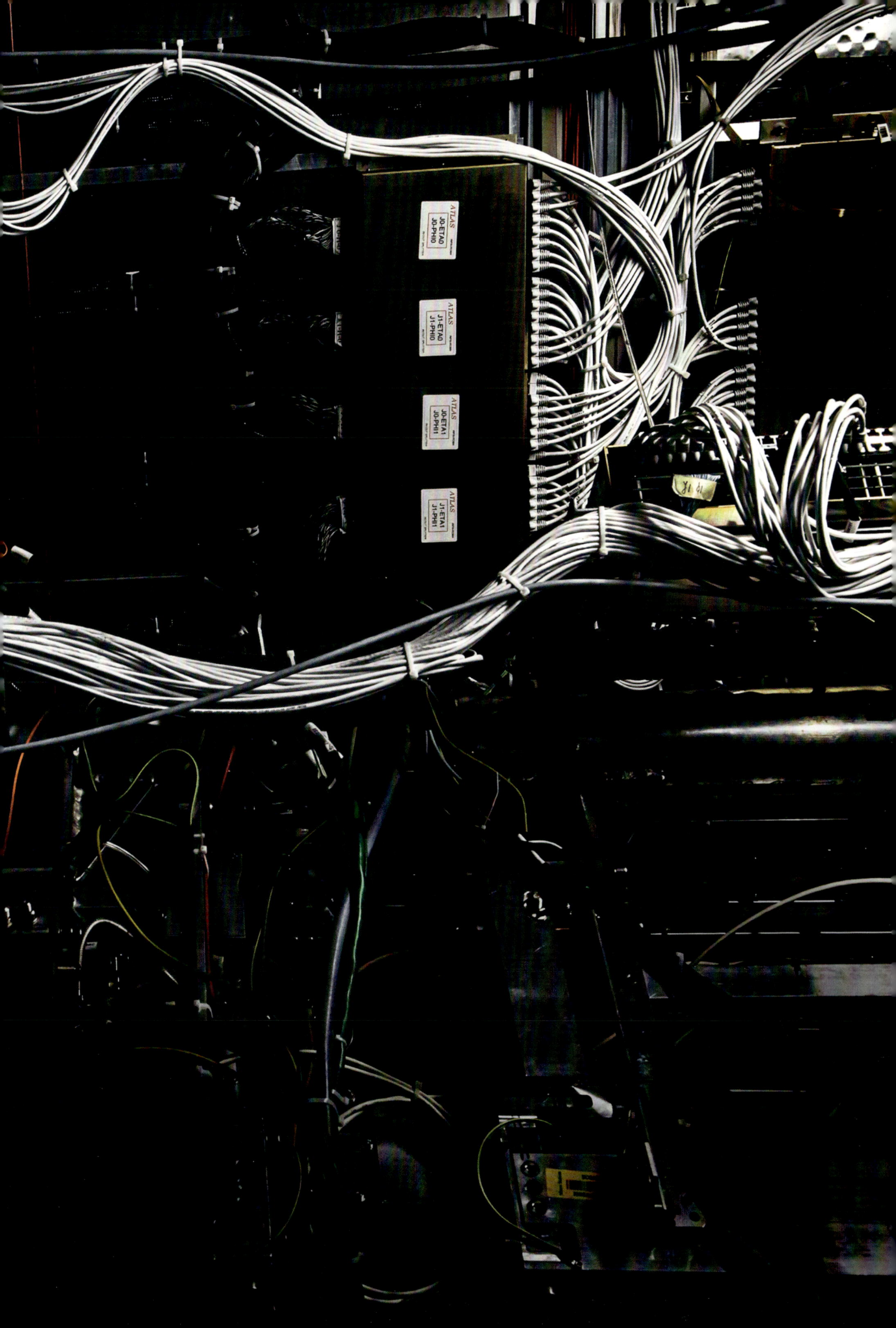
ATLAS
J0-ETA0
J0-PHI0
ATLAS
J1-ETA0
J1-PHI0
ATLAS
J0-ETA1
J0-PHI1
ATLAS
J1-ETA1
J1-PHI1

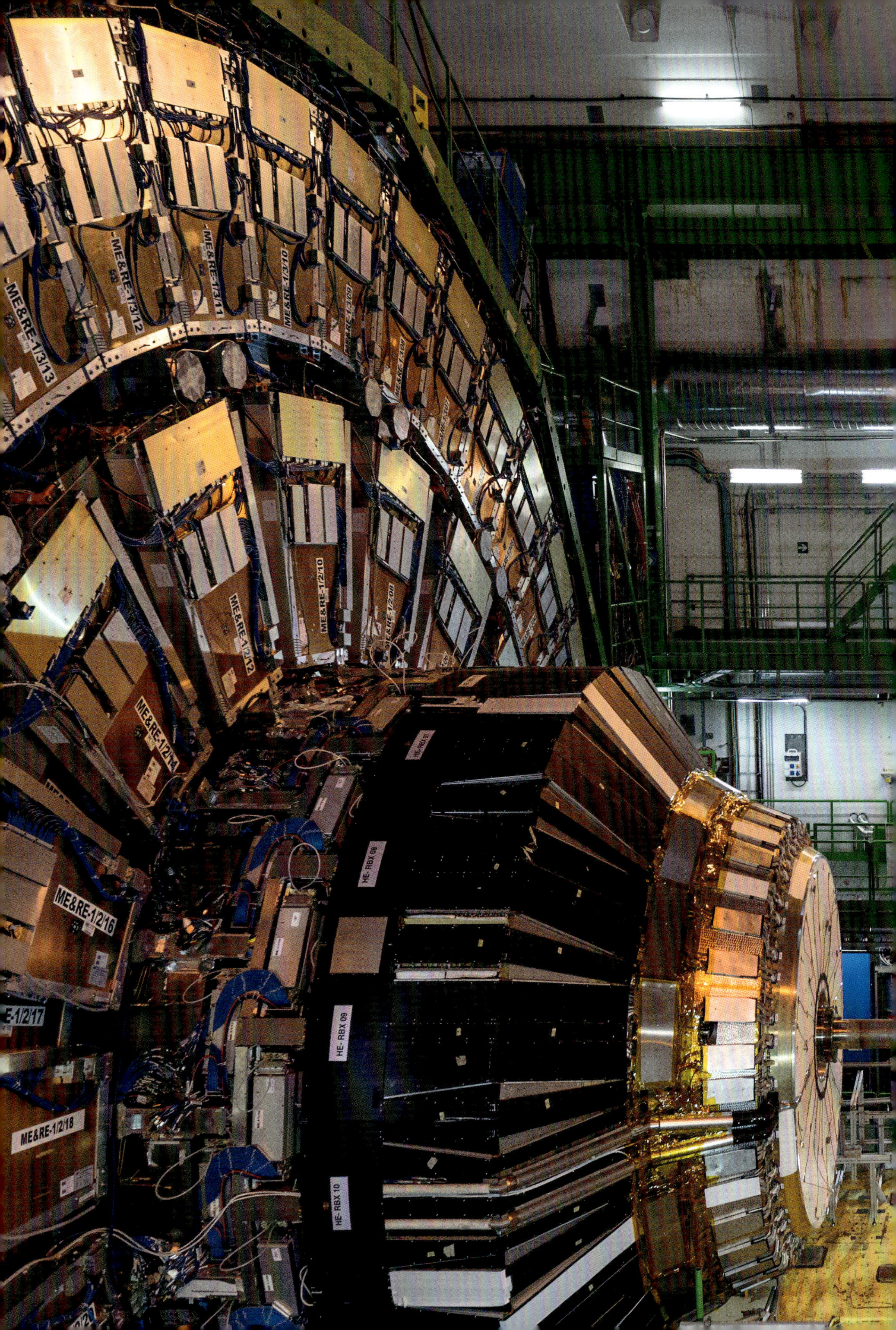
ME&RE-1/3/13
ME&RE-1/3/12
ME&RE-1/3/11
ME&RE-1/3/10
ME&RE-1/2/12
ME&RE-1/2/10
ME&RE-1/2/16
ME&RE-1/2/18
HE- RBX 08
HE- RBX 09
HE- RBX 10

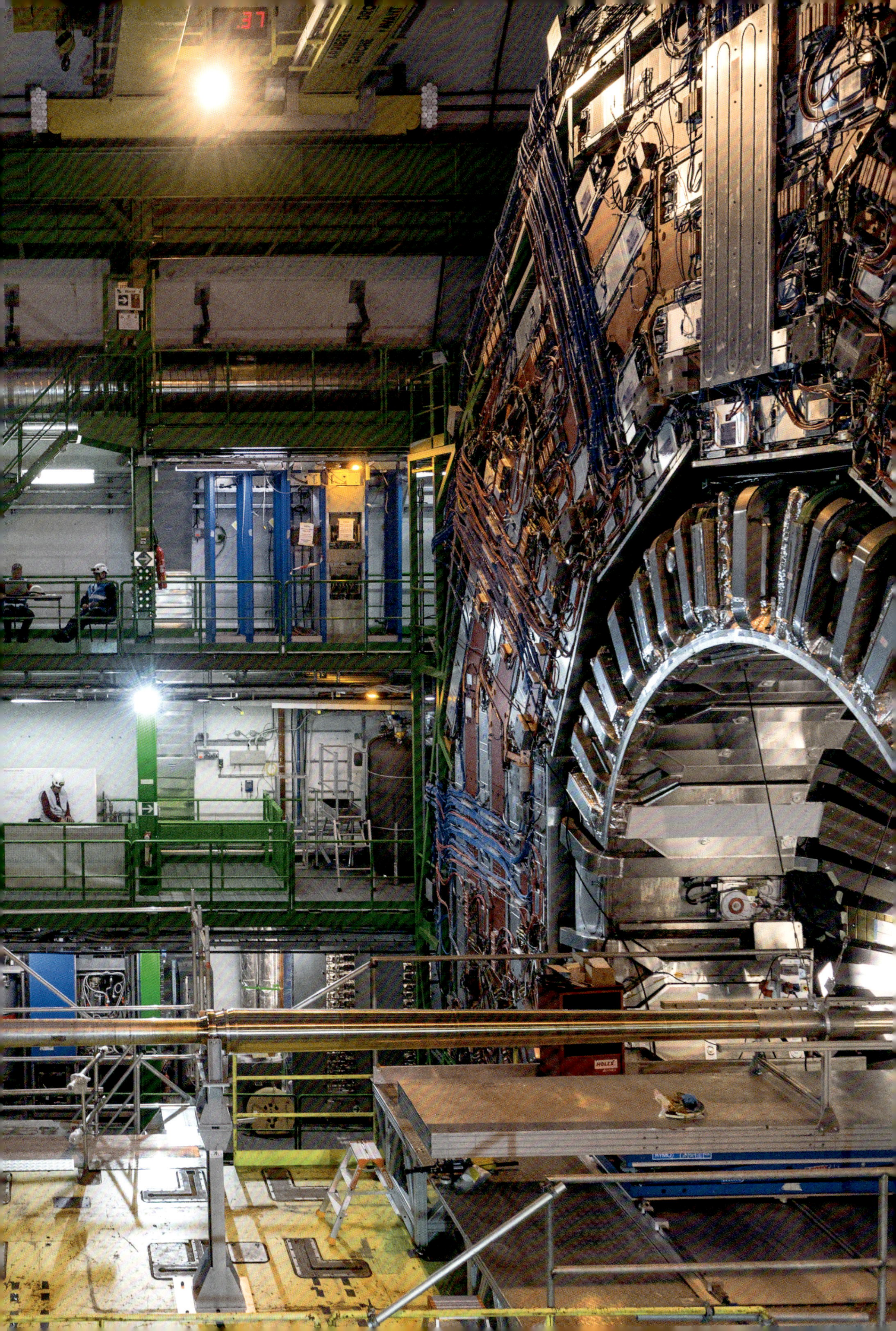

N2P2

CERN CMS
MAX
Yale
1.01

CERN

PELLEGRINO

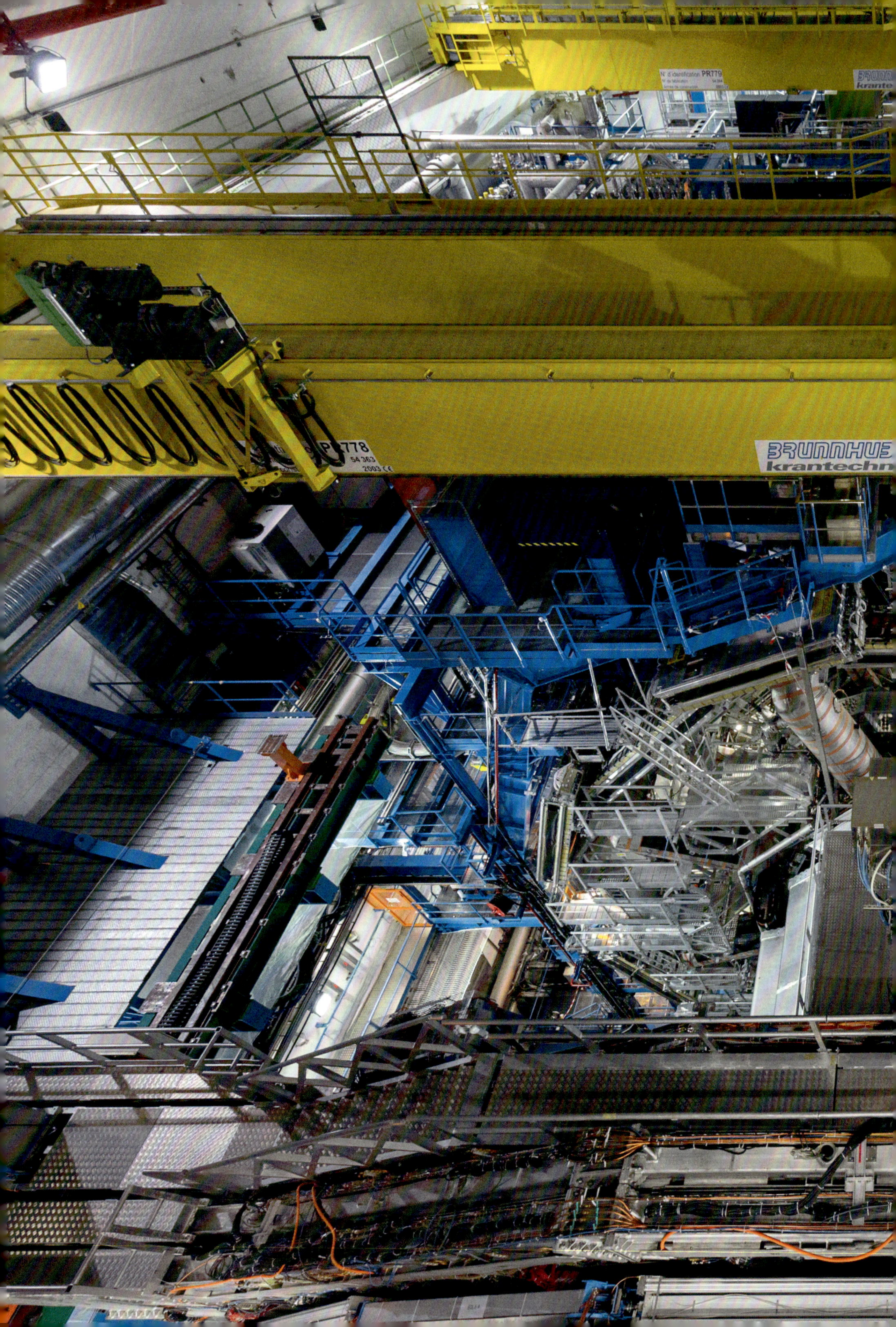
N° d'identification PR779
BRUNNHUE
krante
BRUNNHUE
krantechn
54 363
2003 CE

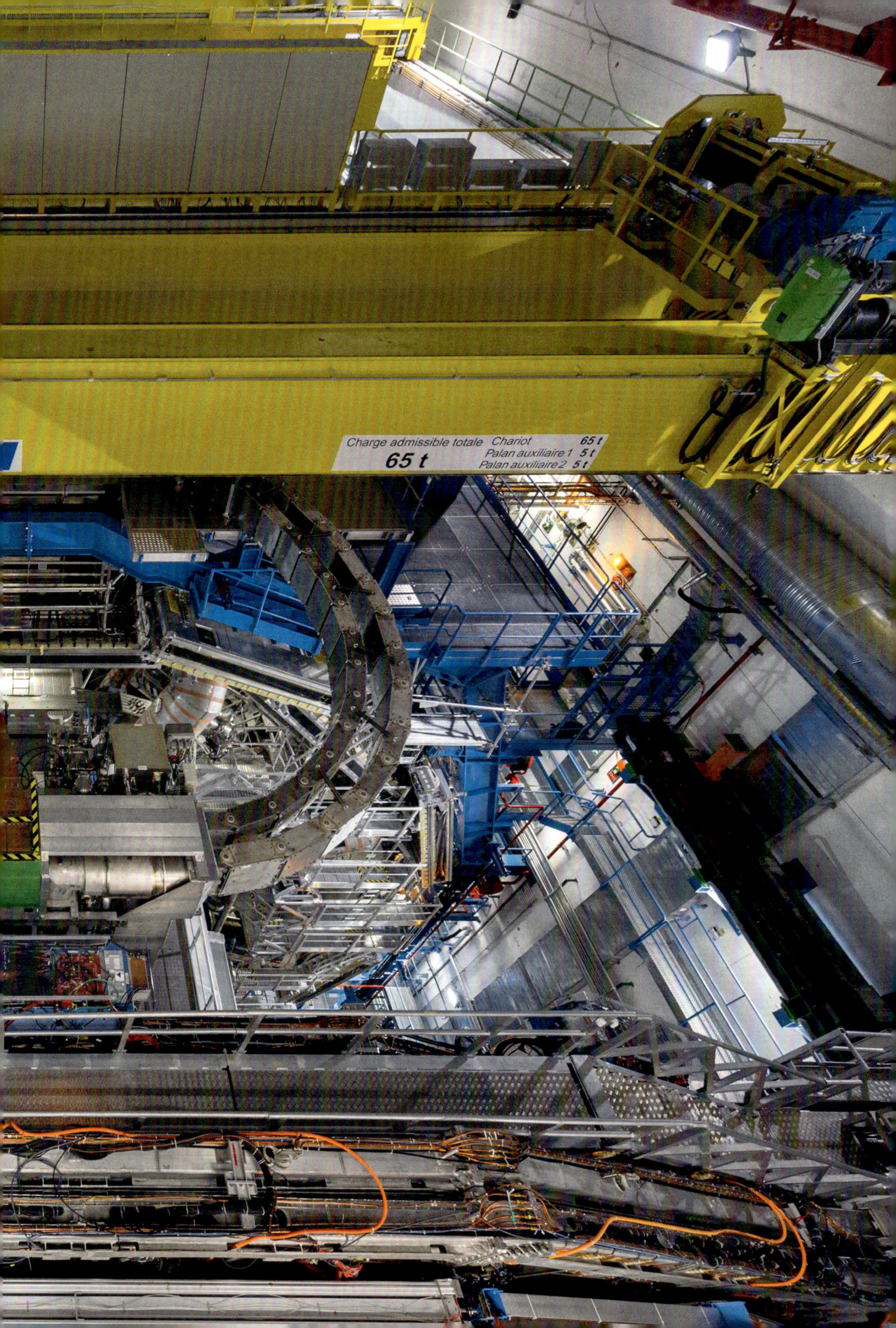
Charge admissible totale
65 t
Chariot 65 t
Palan auxiliaire 1 5 t
Palan auxiliaire 2 5 t

Run Plan Tue 20 Nov 2012
LHC
- no beam for 24h
- proton physics
ATLAS
- take physics data
short calibration period between fills
Remark:
the flickering of the ATLAS Luminosity (by about % with a period of ~7s) is due to noise pick up in the BCM
Change User
Hi, Davide Boscherini
ATLAS currently in restrictive access mode
0 remote request(s)
LHC Page1
PROTON PHYS
BCT TI2: 0.00e+00
I(B1): 2.66e+08
TED TI2 position: DUMP
TED TI8 position: DUMP
Comments (20-Nov-2012 12:08:25)
SPS magnet needs to be changed (24h
Beam dump problem; no filling possible
*** No beam for 24h ***
AFS: 50ns_1374_1368_0_1262_144bpi12inj
OP Webtools
Atlantis Canvas
Atlantis log

BEAM
BCT TI8: 7.77e+11
I(B2): 0.00e+00
up: 10.36
down: 8.58
up: 9.90
down: 9.23
MDT
RPC
TGC
CSC
MUON
CIC
EXT
TDQ
LHC
FWD
SAFETY
DCS BE
Zoom 100
All connected
3D View
ATLAS
Back
atus and SMP flags
B1
B2
Link Status of Beam Permits
Global Beam Permit
Setup Beam
true
true
Beam Presence
Moveable Devices Allowed In
Stable Beams
PM Status B2
ATLAS
ATLAS DCS
OK
NO BEAM
Stable
Permit
Standby
LHC
DAQ

Mc

McCafé
2.75
McDonald's
VISA

STOP

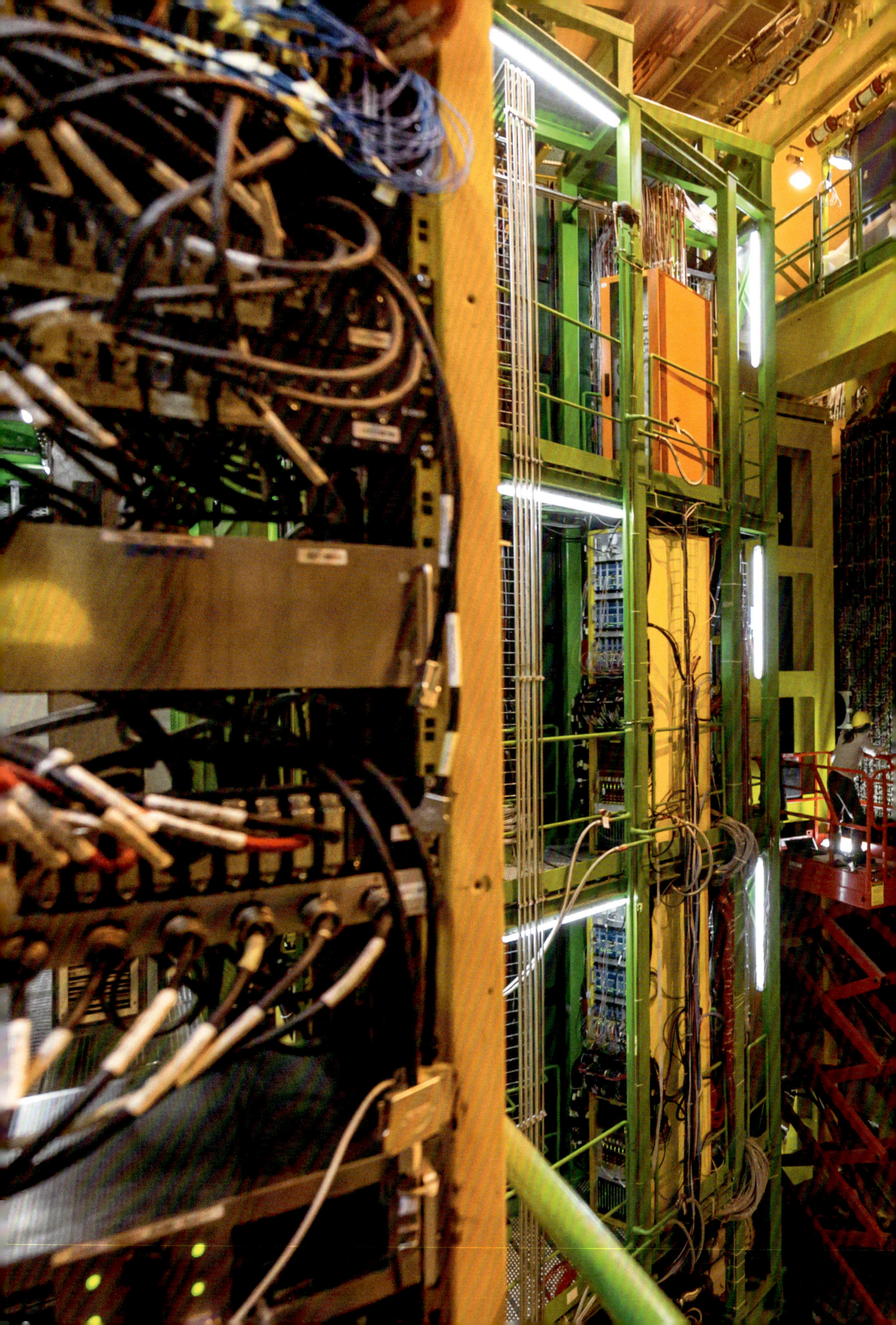

RENCO

ZONE PROTEGEE
RESERVE FLORALE NATURELLE
Station abritant la plus grande population d'Ophrys apifera Huds. (Ophrys abeille) famille des Orchidacea
du BASSIN GENEVOIS
Service Espaces Verts CERN
PROTECTED AREA
NATURAL BOTANICAL RESERVE
This plot shelters the largest number of Ophrys apifera Huds. (Ophrys abeille) of the Orchidaceae family
in the GENEVA REGION

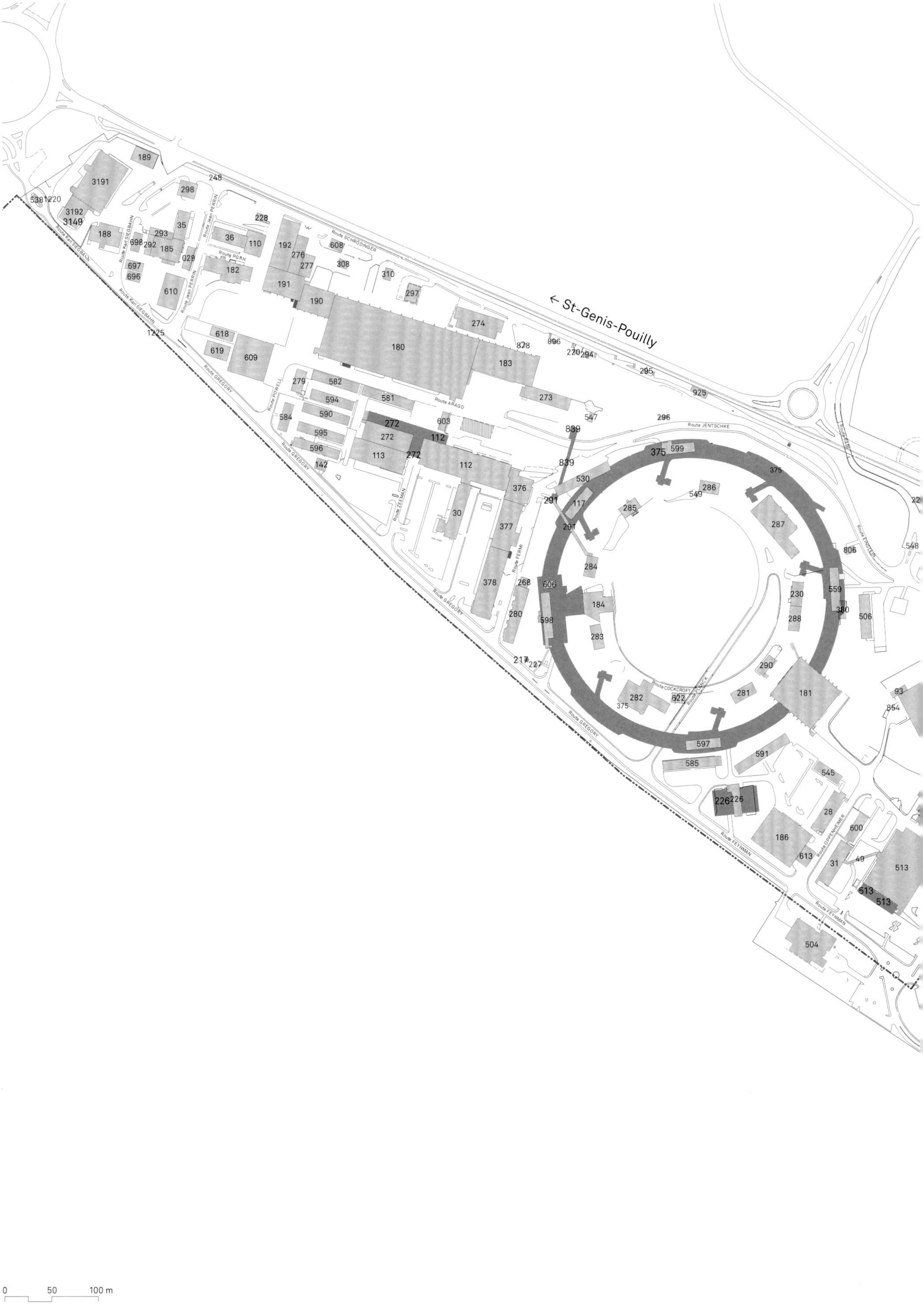

Situationsplan Standort Meyrin

Genf →
Route EINSTEIN
Route DEMOCRITE
Route RUTHERFORD
Route BALMER
Route de COULOMB
Route PAULI
Route VEKSLER
Route BOOSTER
Route GORDON
Route YUKAWA
Route LAWRENCE
Route CROOKES
Route WU
Route JOLIOT CURIE
Route NEWTON
Route SCHERRER
Route BARRAGE
Route HERTZ
Route BECQUEREL
Route GAUSS
Route VOLTA
Route FARADAY
Route WEISSKOPF
Route SALAM
Route RÖNTGEN
Route BLOCH
Route BAKKER
Route CAVENDISH
Route Marie CURIE
Route MAXWELL
Route BOHR
Route GREINACHER
Route BELL
Route AMALDI
Route LANGER
Square VAN HOVE
Square AMALDI
Square GALILEO GALILEI
Allée PAUL
DOUANE FRANÇAISE
DOUANE SUISSE
3152
3019
3173
2173
2184
2151
2164
3183
3197
3198
3153
2165
2145
3156
3177
3174
3167
3166
3187
876
1167
3181
3188
3189
3165
3010
2175
2160
2180
3164
2155
3196
3132
2126
3185
3123
863
3163
2122
3184
3178
3182
3162
873
3150
2107
3158
3170
943
3190
862
903
3176
3179
80
593
572
570
275
604
65
148
194
589
555
116
239
201
129
128
73
238
207
212
200
202
119
56
55
133
601
170
199
115
507
198
197
57
130
179
7
125
253
243
505
120
104
533
855
365
158
159
362
271
356
165
544
211
103
12
11
163
13
172
161
602
300
301
160
132
512
652
27
14
361
364
305
833
141
237
269
289
131
225
607
266
270
588
587
357
573
353
368
359
561
574
378
251
252
157
304
48
108
213
164
124
26
224
1
3
51
58
4
5
33
143
662
562
564
565
566
567
568
203
263
2012
2009
2003
2007
2002
2006
2010
265
156
72
100
52
53
50
63
500
60
61
64
503
62
2
510
501
32
47
149
367
262
351
151
363
371
150
236
234
233
264
249
354
250
258
152
6
358
255
355
259
2011
2004
2008
2001
2013
175
109
171
176
173
8
628
9
10
261
126
223
187
155
166
70
25
21
168
20
102
38
209
210
246
256
153
16
101
231
19
169
162
17
18
206
154
15
22
208
41
240
219
221
118
205
29
23
167
215
254
216
39
40
222
578
24
107
579
676
584
592
247
577
42
1211

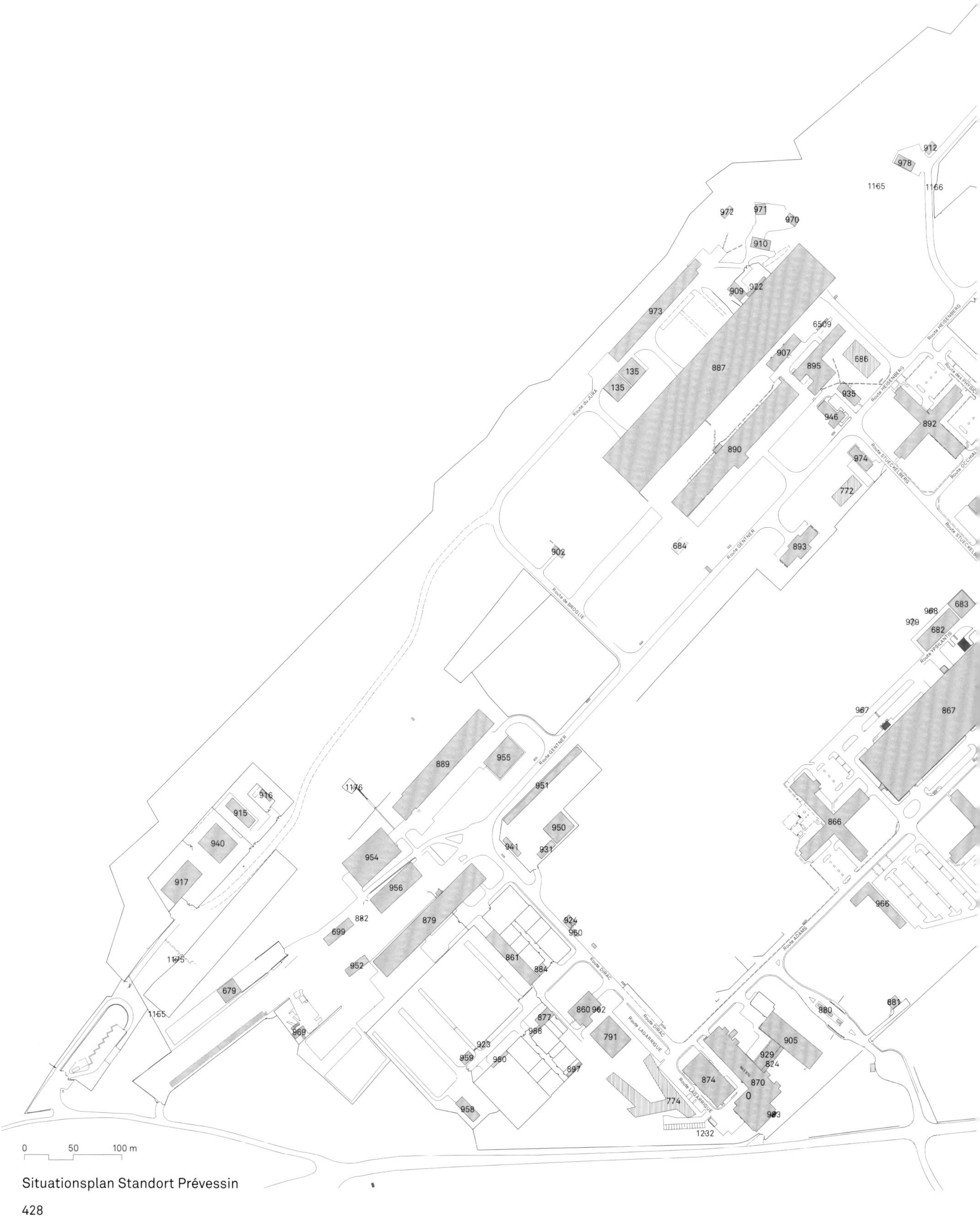

Situationsplan Standort Prévessin

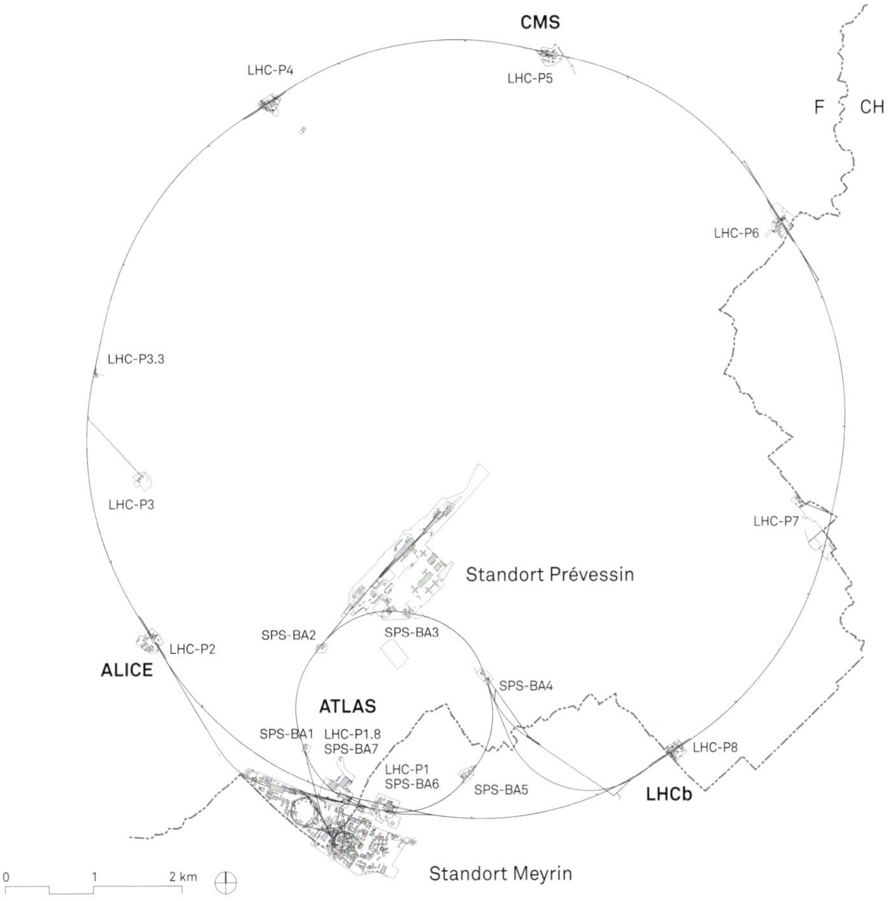

Luftaufnahme des CERN-Geländes, die die Ausmasse des *Large Hadron Collider* (LHC) zeigt.

Bildlegenden

36–37 Jack Steinberger (92), Nobelpreisträger für Physik von 1988, in seinem Büro.
38–39 Wandtafel im Büro von Jack Steinberger.
46–47 Richard Kellogg, *Senior Research Physicist* im CMS-Experiment, in einer Besprechung mit Kollegen.
81 John Ellis, theoretischer Physiker, in seinem Büro.
82–83 John Ellis mit Keith Olive. SUSY ist die Abkürzung für engl. *supersymmetry* (Supersymmetrie).
143 Lyn Evans, ehemaliger Leiter des LHC-Projekts.
144–145 Géraldine Servant, theoretische Physikerin.
166–169 Das Alpha-Magnet-Spektrometer (AMS) ist ein Teilchendetektor, der auf der Internationalen Raumstation ISS installiert ist. Er wird von der Bodenkontrollstation *Payload Operations and Control Center* (POCC) in Prévessin aus gesteuert.
182–183 Tango-Abend des *CERN Dancing Club.*
186–195 Generaldirektor Rolf Heuer in seinem Büro.
196–199 Ansprache des Generaldirektors zum Jahresanfang im CERN-Auditorium.
200–209 ISOLDE (Isotope Separator On-Line Device), eine Anlage zur Erzeugung von radioaktiven Ionenstrahlen, liefert ein breites Spektrum von reinen exotischen Strahlen für Experimente in der Atom- und Kernphysik sowie in den Material- und Biowissenschaften.
206–207 Maria Borge, Leiterin der *ISOLDE Physics Group,* mit Mitarbeitern.
210–221 Das CLOUD-Experiment *(Cosmic Leaving Outdoor Droplets)* untersucht in einer ultrareinen Nebelkammer mit einem Strahl des CERN-Protonen-Synchrotrons, ob eine Verbindung zwischen kosmischer Strahlung aus dem Weltraum und Aerosolteilchen sowie der Wolkenbildung in der Atmosphäre besteht.
222–225 Videokonferenz zum CMS-Experiment.
231–233 Rechenzentrum des CERN.
234–237 Das Kontrollzentrum des CERN vor und nach der Entdeckung des Higgs-Teilchens. Im Kontrollzentrum ist die Steuerung der Beschleuniger und der technischen Infrastruktur untergebracht.
239–247 Aufbau des AEGIS-Experiments *(Antihydrogen Experiment: Gravity, Interferometry, Spectroscopy)* in der AD-Halle in Meyrin. Wirkt die Gravitation gleichermassen auf Materie und Antimaterie? AEGIS testet dies mit Antiwasserstoff am Antiprotonen-Entschleuniger (AD).
252–255 Labor für Detektorentechnologie, in dem Teilchendetektoren für die CERN-Experimente entwickelt, gebaut, betrieben und gewartet werden.
258–259, 262–263 Bau des Röhrchen-Detektors für das NA62-Experiment.
260–261 Marina Zaytseva verklebt Röhrchen mit Epoxidkleber.
268–269 SR1-Gebäude: Test des Übergangsstrahlungsdetektors für das ATLAS-Experiment.
278 Rechenzentrum.
279–283 Prüfstand für Spannungs- und Hitzetests der IBL *(Insertable B-Layer)-Staves*. Der IBL-Detektor wird im ATLAS-Pixeldetektor installiert.
284–293 Küche und Esszimmer eines Gästehauses.
296–299 Anschluss und Montage eines Moduls des *Photon Multiplicity Detector* für das ALICE-Experiment.
300–301 Montage von Bauteilen des *Diamond PLT (Pixel Luminosity Telescope)* für CMS.
304–311 Bau und Test von Muon-Kammern, sogenannten Kathodenstreifenkammern, für den *Phase 1 Upgrade* des CMS-Experiments.
320–321 Test eines schnell gepulsten LHC-Injektionsmagneten im Reinraum.
322–323 Hochspannungskonditionierung eines schnell gepulsten LHC-Injektionsmagneten. Die Ergebnisse werden wie in «alten Zeiten» handschriftlich protokolliert.
326–327 Reparatur eines Messgerätes, das auf radioaktive Quellen anspricht.
328–329 Test von Stromversorgungen in der *Power Converter Test Hall.*
330–331 Test von Bauteilen für den ATLAS-Detektor.
333–337 *Large Magnet Facility.*
338–339 Test von Elektronikbauteilen für den ATLAS-Detektor.
344–355 Die Halle 887 wird für verschiedene Experimente benutzt.
366–371 Tunnel des *Large Hadron Collider* (LHC). «Large» wegen seiner Grösse: er hat einen Umfang von knapp 27 Kilometern. «Hadron», weil er Protonen oder Ionen beschleunigt, die Hadronen sind, und «Collider», weil diese Teilchen zwei in entgegengesetzter Richtung fliegende Strahlen bilden, die an den vier Punkten kollidieren, wo sich die beiden Ringe der Maschine kreuzen.
372–373 Umgebung von Punkt 4 des LHC-Rings.
374–379 Umgebung des ALICE-Experiments *(A Large Ion Collider Experiment).* ALICE ist ein Detektor zur Untersuchung der Kollisionen von Blei-Ionen. Er untersucht die Eigenschaften des Quark-Gluon-Plasmas. In diesem Materiezustand sind bei sehr hohen Temperaturen und Dichten die Quarks und Gluonen nicht länger in den Hadronen eingeschlossen. Ein derartiger Zustand der Materie existierte wahrscheinlich kurz nach dem Urknall, bevor sich Teilchen wie Protonen und Neutronen bildeten. Die internationale Kooperation schliesst mehr als 1500 Mitglieder aus 104 Instituten in 31 Ländern ein.
380–385 ALICE-Kaverne und Kontrollraum.
386–387 CMS-Haupthalle *(Compact Muon Solenoid).* CMS ist ein Vielzweck-Detektor mit denselben physikalischen Zielen wie ATLAS, aber anderem Aufbau und unterschiedlichen technologischen Lösungen. CMS ist geprägt von seiner riesigen zylindrischen Spule aus supraleitendem Kabel, die ein Magnetfeld von 4 Tonnen erzeugt. Dieses Feld ist etwa hunderttausendmal stärker als das Magnetfeld der Erde. Bei CMS arbeiten über zweitausend Menschen aus 181 Instituten in 38 Ländern.
388–389 Kontrollraum des CMS-Experiments.
391–397 CMS-Kaverne.
398 Besucher am CMS-Detektor.
399–401 Evakuierungsübung der Feuerwehr in der CMS-Kaverne.
404–405 Umgebung des ATLAS-Experiments mit dem *Globe of Science and Innovation.*
406–411 ATLAS (Experiment) ist ein Vielzweck-Detektor, der das gesamte physikalische Spektrum am LHC abdecken soll – von der Suche nach dem Higgs-Boson bis zur Suche nach Supersymmetrie (SUSY) und Extra-Dimensionen. Charakteristisch für den ATLAS-Detektor ist sein riesiger Toroid-Magnet. Er besteht aus acht 25 Meter langen supraleitenden Magnetspulen, die wie ein Zylinder um die durch die Detektormitte verlaufende Strahlröhre angeordnet sind. ATLAS ist der grösste jemals an einem Beschleuniger gebaute Detektor. Die Kollaboration besteht aus mehr als 1900 Mitgliedern aus 164 Instituten in 35 Ländern.
412–413 ATLAS-Kontrollraum.
414–415 Umgebung des LHCb-Experiments.
416–421 LHCb-Kaverne (Large Hadron Collider beauty). LHCb ist spezialisiert auf die Untersuchung der kleinen Asymmetrie zwischen Materie und Antimaterie in der Wechselwirkung von B-Teilchen (Teilchen mit einem b-Quark). Ihr Verständnis ist unerlässlich, um die Frage zu beantworten: «Warum besteht unser Universum aus Materie?» Statt den Kollisionspunkt mit einem hermetischen Detektor vollständig zu umschliessen, benutzt das LHCb-Experiment eine Reihe von Subdetektoren, um Teilchen in Vorwärtsrichtung nachzuweisen. Der erste Subdetektor umgibt den Kollisionspunkt, die folgenden stehen auf einer Länge von 20 Meter hintereinander. Die LHCb-Kollaboration hat mehr als 650 Mitglieder aus 47 Instituten in 14 Ländern.

Andri Pol
Menschen am CERN
Europäische Organisation für Kernforschung

Herausgegeben von Lars Müller

Konzept und Gestaltung: Andri Pol und Lars Müller
Lektorat: Michael Ammann
Korrektorat: Birgit Nienhaus
Übersetzungen: Bernhard Geyer (Text Rolf Heuer, Bildlegenden)
Herstellung: Integral Lars Müller/Martina Mullis
Lithografie: Pascale Bruegger, Julien Contant
Papier: Hello Fat Matt, 150 g/m²
Druck und Bindung: Kösel, Altusried-Krugzell, Deutschland

Lars Müller Publishers
Zürich, Switzerland
www.lars-mueller-publishers.com

ISBN 978-3-03778-262-0

Printed in Germany

English version also available:
Inside CERN – European Organization for Nuclear Research
ISBN 978-3-03778-275-0